ISBN 978-3-662-37490-0   ISBN 978-3-662-38255-4 (eBook)
DOI 10.1007/978-3-662-38255-4

Galaktozentrische Bahnelemente von 1026 Fixsternen in der nächsten Umgebung der Sonne

Von

Karl Schütte (München)

korresp. Mitglied der Österr. Akademie der Wissenschaften

(Mit 3 Abbildungen)

(Teil I und Teil II vorgelegt in der Sitzung am 27. November 1952)

Teil I: Ziel und Methode der Untersuchung

§ 1. Einleitung

Seitdem Lindblad 1926 die Theorie der galaktischen Rotation aufgestellt hat, und Oort 1927 die Doppelsinuswelle in den Radialgeschwindigkeiten und in den Eigenbewegungen nachgewiesen hat, nimmt man allgemein an, daß die Sonne und die meisten anderen Fixsterne sich in Kreisbahnen um das galaktische Zentrum bewegen.

Abgesehen von einigen Betrachtungen über die „Schnellläufer", deren Sonderstellung schon früh erkannt worden ist, wurde merkwürdigerweise bisher niemals der Versuch unternommen, für eine möglichst große Zahl von Sternen deren Bahnelemente um das galaktische Zentrum zu bestimmen und zu untersuchen. Einer der Gründe hiefür mag der sein, daß eine für die Massenanwendung geeignete bequeme Methode bisher nicht vorlag.

Andererseits ist selbstverständlich klar, daß solche Bahnelemente für eine große Zahl von Sternen nur sehr roh sein können, wenn man sie als Keplersche Bahnen des Zweikörperproblems, also ohne Rücksicht auf die gegenseitigen Störungen, betrachtet. Es kann und soll auch hier nicht behauptet werden, daß die Sterne für lange Zeiträume in denjenigen Bahnen laufen, welche durch die errechneten Elemente gegeben sind.

Vielmehr sind diese Bahnelemente nichts anderes als oskulierende Elemente, wie man sie ja auch bei den Kleinen Planeten zuerst bestimmt. Es ist aber zu erwarten, daß sich aus einer größeren Anzahl von Sternen immerhin ein wertvolles statistisches Bild ergeben wird.

Wollte man andererseits auf ein Potential der Milchstraße Rücksicht nehmen, so werden die Bahnrechnungen sehr kompliziert; man wäre dann gezwungen, sich auf eine ganz kleine Anzahl von Bahnen zu beschränken, die dann ihrerseits über das Gesamtbild kaum etwas aussagen werden; selbst wenn man die Potentialfunktion in der Nähe der Sonne kennen würde, so bliebe sie in ihrem Gesamtverlauf doch noch weitgehend unbekannt, und es würden zwar sicher interessante, aber doch nur fingierte Beispiele erhalten werden.

Erst nach Entwicklung der unten beschriebenen Methode kam mir eine Untersuchung von W. Lohmann[1] zu Gesicht, in der wohl erstmals der Versuch gemacht wird, für eine gewisse ausgewählte Gruppe von Sternen, nämlich von 59 Unterzwergen, die galaktozentrischen Bahnelemente zu bestimmen. Aber gerade die Beschränkung auf eine ausgewählte Gruppe von Sternen verbietet allgemeine Schlüsse.

Hier soll nun erstmals der Versuch gemacht werden, für eine möglichst große Zahl von Sternen aller Typen mit bekannten Bestimmungsstücken, die galaktozentrischen Bahnelemente zu bestimmen und zu diskutieren. Hiegegen könnte man noch die Einwendung machen, daß die Beobachtungsunterlagen teilweise noch ungenau sind, um sichere Resultate zu erhalten. Es wird daher eine spätere Aufgabe sein, den Einfluß der Unsicherheit der Beobachtungsdaten zu untersuchen. Um aber von vornherein eine solche Unsicherheit möglichst weit herunterzudrücken, wurde eine Beschränkung auf Sterne mit Parallaxen $\pi > 0\rlap{.}''030$,[2] d. h. auf solche mit individuellen trigonometrischen und spektroskopischen Parallaxen vorgenommen. Der erfaßte Raum hat also einen Radius von 33 pc und ein Volumen von 151×10^3 Kubikparsec. Innerhalb dieses Raumes

---

[1] Siehe Nr. 15 der Katalogliste in § 8.
[2] Sieben Sterne haben eine etwas kleinere Parallaxe, siehe § 9.

ist es gelungen, die Daten von etwas mehr als 1000 Sternen zusammenzutragen, deren Bahnelemente im folgenden bestimmt werden.

Da es sich also um eine ausgesprochene Massenarbeit handelt, kam es wesentlich darauf an, die Methode der Bahnbestimmung soweit zu vereinfachen, daß eine möglichst schnelle Bestimmung der Elemente durchführbar war. Dies ist so weitgehend gelungen, daß schließlich das Zusammentragen der Bestimmungsdaten und die spätere statistische Auswertung mehr Zeit aufforderten als die eigentliche Bestimmung der Bahnelemente.

Wenn es aber möglich war, die dennoch umfangreiche Rechenarbeit in etwa einem Jahr zu bewältigen und zum Abschluß zu bringen, so schulde ich hiefür meinen aufrichtigen Dank der Notgemeinschaft der Deutschen Wissenschaft, die eine Sachbeihilfe zur Ausführung der Rechnungen bewilligte. Den allergrößten Teil der Rechnungen hat alsdann Frau Dr. G. Weinmann (Nürnberg) ausgeführt, die sich mit großer Sorgfalt den Bahnbestimmungen gewidmet hat; auch ihr sei an dieser Stelle besonders gedankt.

So ist zu hoffen, daß durch die große Zahl von Sternen — trotz beschränkter Genauigkeit — ein neuer Einblick in die Kinematik der die Sonne unmittelbar umgebenden Sterne gewonnen wird. Teil I und II der Untersuchung werden hiemit veröffentlicht; die Auswertung und weitere Diskussion folgt später.

§ 2. Die Methode der Bahnbestimmung eines Fixsternes

Die ersten Versuche, Aufschlüsse über die Bahnverhältnisse eines Fixsternes zu erhalten, gehen schon auf K. F. Bottlinger zurück. Der von uns beschrittene Weg wird aber ein ganz anderer sein, indem in gewisser Analogie zur Bahnbestimmung der Kleinen Planeten eine ganz allgemeine Methode entwickelt werden soll. Übrigens besteht ja auch ein grundsätzlicher Unterschied zwischen der Bahnbestimmung eines Fixsternes und der eines Kleinen Planeten, da wir bei den Fixsternen nicht über drei Bahnpunkte verfügen. Dies ist aber eine Erleichterung, denn es ist nicht erst notwendig, die Geschwindigkeitskomponenten usw. aus drei verschiedenen Beobachtungspunkten der Bahn abzuleiten, sondern die Bahnelemente sind eindeutig bestimmt (im Zweikörperproblem), sobald die Koordinaten und der Vektor der Geschwindigkeit in einem Bahnpunkte gegeben sind.

Sind x, y, z die rechtwinkligen Koordinaten und $\dot{x}, \dot{y}, \dot{z}$ die Geschwindigkeitskomponenten eines Fixsternes in einem unten noch näher festzulegenden Koordinatensystem, dessen xy-Ebene mit der galaktischen Ebene zusammenfallen soll, so gelten grundsätzlich dieselben Gleichungen, welche z. B. bei der Bahnbestimmung nach Laplace[3] benutzt werden, nämlich:

$$\begin{aligned}
K.\sqrt{p}.\cos i &= x\dot{y} - y\dot{x} \\
-K.\sqrt{p}.\cos \Omega . \sin i &= z\dot{x} - x\dot{z} \\
K.\sqrt{p}.\sin \Omega . \sin i &= y\dot{z} - z\dot{y} \\
e.\sin v &= \frac{\sqrt{p}}{K.r}(x\dot{x} + y\dot{y} + z\dot{z}) \\
e.\cos v &= p/r - 1 \\
r.\sin u &= z.\operatorname{cosec} i \\
r.\cos u &= x.\cos \Omega + y.\sin \Omega \\
\omega &= u - v,
\end{aligned} \qquad (1)$$

wobei die Bahnelemente in der üblichen Form bezeichnet sind. Wir wählen das Koordinatensystem jetzt zweckmäßig wie folgt:

Nullpunkt im galaktischen Zentrum,

positive z-Achse in der Richtung zum galaktischen Nordpol (α_0, δ_0),

positive x-Achse in der Richtung nach dem Punkt mit den Koordinaten $\alpha = \alpha_0 + 90°$, $\delta = 0°$,

positive y-Achse in der Richtung nach dem Punkt mit den Koordinaten $\alpha = \alpha_0 + 180°$, $\delta = 90° - \delta_0$.

Die Konstante K läßt sich aus dem Energiesatz bestimmen:

$$V^2 = K^2 \left(\frac{2}{r} - \frac{1}{a}\right), \qquad (2)$$

---

[3] Vgl. G. Stracke, Bahnbestimmung der Planeten und Kometen, Berlin 1929, S. 136.

sofern die Sonnenbahn bekannt ist. Für $r_\odot = a_\odot$ wird dann:

$$K^2 = r_\odot \cdot V_\odot^2, \qquad (3)$$

wenn $V_\odot$ die Geschwindigkeit der Sonne in ihrer angenommenen Kreisbahn bedeutet.

Es ist also möglich, aus dem Gleichungssystem (1) die Bahnelemente eines Fixsternes zu bestimmen, sobald die Koordinaten und Geschwindigkeiten desselben und die Sonnenbahn bekannt sind.

§ 3. Anwendung auf Fixsterne nahe der Sonne

a) Die galaktozentrischen Koordinaten und Geschwindigkeiten

Bezeichnen wir jetzt mit:

x_*, y_*, z_* die heliozentrischen Koordinaten eines Fixsternes,

$x_\odot, y_\odot, z_\odot$ die galaktozentrischen Koordinaten der Sonne in dem im vorigen Paragraphen festgelegten Koordinatensystem,

so sind die galaktozentrischen Koordinaten eines Fixsternes:

$$\begin{aligned} x &= x_\odot + x_* \\ y &= y_\odot + y_* \\ z &= z_\odot + z_* \end{aligned} \qquad (4)$$

Sind ferner:

ξ_*, η_*, ζ_* die heliozentrischen Geschwindigkeitskomponenten eines Fixsternes,

$\xi_\odot, \eta_\odot, \zeta_\odot$ die galaktozentrischen Geschwindigkeitskomponenten der Sonne,

so sind die galaktozentrischen Geschwindigkeitskomponenten eines Fixsternes gegeben durch:

$$\begin{aligned} \dot{x} &= \xi_* + \xi_\odot \\ \dot{y} &= \eta_* + \eta_\odot \\ \dot{z} &= \zeta_* + \zeta_\odot \end{aligned} \qquad (5)$$

Bei einem angenommenen Abstande der Sonne von 10000 pc vom galaktischen Zentrum sind die heliozentrischen Koordinaten aller von uns betrachteten Sterne sehr klein, da wir uns ausdrücklich auf Sterne mit $\pi \geq 0''{.}030$ beschränken. Der Abstand eines Sternes von der Sonne ist also höchstens $1/300$ desjenigen der Sonne vom galaktischen Zentrum. Wir können also die heliozentrischen Koordinaten der Sterne in erster Näherung vernachlässigen und gleich Null setzen. Wir rechnen dann also so, als ob alle Sterne an der Stelle der Sonne um das galaktische Zentrum laufen, aber mit den tatsächlich beobachteten Geschwindigkeiten.

Des weiteren machen wir vorerst die Annahme, daß die Sonne sich in der galaktischen Ebene bewegt. Demnach sind also jetzt:

$$x_* = y_* = z_* = z_\odot = \zeta_\odot = 0 \qquad (6)$$

Die Gleichungen (4) und (5) gehen somit über in:

$$\begin{aligned} x &= x_\odot \\ y &= y_\odot \qquad (7) \\ z &= 0 \end{aligned} \quad \text{und} \quad \begin{aligned} \dot{x} &= \xi_* + \xi_\odot \\ \dot{y} &= \eta_* + \eta_\odot \qquad (8) \\ \dot{z} &= \zeta_* \end{aligned}$$

Dadurch vereinfacht sich auch das Gleichungssystem (1) merklich; es lautet nun:

$$\begin{aligned} K\cdot\sqrt{p}\cdot\cos i &= x\dot{y} - y\dot{x} \\ -K\cdot\sqrt{p}\cdot\cos\Omega\cdot\sin i &= -x\dot{z} \\ K\cdot\sqrt{p}\cdot\sin\Omega\cdot\sin i &= y\dot{z} \\ e\cdot\sin v &= \frac{\sqrt{p}}{K\cdot r}(x\dot{x} + y\dot{y}) \\ e\cdot\cos v &= p/r - 1 \\ r\cdot\sin u &= 0 \\ r\cdot\cos u &= x\cdot\cos\Omega + y\cdot\sin\Omega \\ \omega &= u - v \end{aligned} \qquad (9)$$

Aus der zweiten und dritten Gleichung dieses Systems folgt:

$$\operatorname{tg}\Omega = \frac{y}{x}$$

Hat nun die Sonne vom galaktischen Zentrum aus gesehen die Länge λ_0, so ist:

$$x_\odot = -r \cdot \sin(\lambda_0 - 90°)$$
$$y_\odot = r \cdot \cos(\lambda_0 - 90°)$$

Also $\dfrac{y_\odot}{x_\odot} = \operatorname{tg} \lambda_0$, somit $\Omega = \lambda_0$.

Das heißt, vom galaktischen Zentrum aus gesehen, können nur solche Sterne nahe bei der Sonne stehen (in unserem Fall im Ort der Sonne), deren Bahnebenen in der Richtung λ_0 ihre Knotenlinien haben.

Aus den drei letzten Gleichungen (9) folgt weiter:
$$\begin{aligned} u &= 0°, 360° \\ \omega &= -v, 360° - v \end{aligned} \quad (10)$$

Dies bedeutet, daß die Bahnelemente Ω und u gegeben sind und nicht mehr bestimmt zu werden brauchen. Die Bestimmung der Bahnelemente reduziert sich also auf die vier Elemente i, e, a und v. An Stelle von a wird später zweckmäßig $\sqrt{p}$ treten.

b) Koordinaten und Geschwindigkeitskomponenten der Sonne

Unter der Annahme, daß die Sonne sich in einer Kreisbahn im Abstande von $r_\odot = 10^4$ pc vom galaktischen Zentrum mit einer Geschwindigkeit von $V_\odot = 268$ km/sec bewegt und vom galaktischen Zentrum aus in der Länge $\lambda_0 = 145°$ erscheint, erhält man für ihre Koordinaten und Geschwindigkeitskomponenten in dem festgelegten Koordinatensystem die Werte:

$$\begin{aligned} x &= -0.82 \times 10^4 \text{ pc} \\ y &= +0.57 \times 10^4 \text{ pc} \\ \dot{\xi}_\odot &= +154 \text{ km/sec} \\ \dot{\eta}_\odot &= +220 \text{ km/sec} \end{aligned} \quad (11)$$

c) Koordinaten und Geschwindigkeitskomponenten der Fixsterne

Da die Koordinaten der Sterne in erster Näherung mit denen der Sonne identifiziert wurden, sind nur noch die Geschwindigkeitskomponenten der Sterne zu bestimmen. Sind μ_α, μ_δ die jährlichen Eigenbewegungen in Bogensekunden, π die Parallaxe in

Bogensekunden und ρ die Radialgeschwindigkeit in km/sec, so gelten die aus der Stellarastronomie bekannten Gleichungen:

$$\xi_* = (\mu_\alpha \cdot x_1 + \mu_\delta \cdot x_2) \frac{4.74}{\pi} + \rho x_3$$

$$\eta_* = (\mu_\alpha \cdot y_1 + \mu_\delta \cdot y_2) \frac{4.74}{\pi} + \rho y_3 \qquad (12)$$

$$\zeta_* = (\mu_\alpha \cdot z_1 + \mu_\delta \cdot z_2) \frac{4.74}{\pi} + \rho z_3$$

Hiebei sind die x_i, y_i, z_i trigonometrische Funktionen der Koordinaten des Sternes und des galaktischen Nordpoles (α_0, δ_0).

Für $i=1$ z. B. hängen die Koeffizienten nur von der Rektaszension der Sterne ab:

$$\begin{aligned} x_1 &= + \cos(\alpha - \alpha_0) \\ y_1 &= + \sin \delta_0 \cdot \sin(\alpha - \alpha_0) \\ z_1 &= - \cos \delta_0 \cdot \sin(\alpha - \alpha_0) \end{aligned} \qquad (13)$$

Für $i=2,3$ hängen sie außerdem noch von der Deklination des Sternes ab.

Die Formeln können für $i=2,3$ leicht aus dem folgenden Schema ersehen werden:

	$i=2$	$i=3$
x	$-\sin(\alpha-\alpha_0)\sin\delta$	$+\sin(\alpha-\alpha_0)\cos\delta$
y	$+\sin\delta_0\cos(\alpha-\alpha_0)\sin\delta +$ $+\cos\delta_0\cos\delta$	$-\sin\delta_0\cos(\alpha-\alpha_0)\cos\delta +$ $+\cos\delta_0\sin\delta$
z	$-\cos\delta_0\cos(\alpha-\alpha_0)\sin\delta +$ $+\sin\delta_0\cos\delta$	$+\cos\delta_0\cos(\alpha-\alpha_0)\cos\delta +$ $+\sin\delta_0\sin\delta$

(14)

Zwischen den einzelnen Koeffizienten bestehen übrigens noch Beziehungen, so daß eigentlich nur drei unabhängige benötigt werden. Wir kommen später noch darauf zurück.

Im übrigen sind diese neun Koeffizienten schon vor etwa 20 Jahren von A. Kohlschütter[4] tabuliert worden, und zwar

---

[4] Siehe Nr. 3 der Katalogliste in § 8.

in einer allgemeinen Tabelle mit Eingangsargumenten α, δ, sowie auch in einer speziellen Tabelle für 3900 bekannte Sterne. Die allgemeine Kohlschüttersche Tabelle ist weitgehend für unsere Rechnungen verwendet worden.

§ 4. Vereinfachung der Bestimmung der Bahnelemente für die Anwendung auf eine große Zahl von Sternen

Grundsätzlich ist es möglich, auf der Basis der bisher gegebenen Formelsysteme, die Bahnelemente eines Fixsternes zu bestimmen, vorausgesetzt natürlich, daß die erforderlichen Beobachtungsdaten vorliegen. Die Rechnung ist aber zweifellos recht mühsam, und es handelt sich darum, dieselbe noch weitgehend zu vereinfachen, damit die Anwendung auf den einzelnen Stern möglichst schnell erfolgen kann.

Zu diesem Zwecke führen wir drei Hilfsgrößen C_α ein, die „charakteristische Parameter" genannt werden sollen; sie sind den Flächenintegralen verwandt und gegeben durch:

$$C_1 = \frac{x \sec \Omega}{K} \dot{z}$$

$$C_2 = \frac{1}{K}(x\dot{y} - y\dot{x}) \tag{15}$$

$$C_3 = \frac{1}{Kr}(x\dot{x} + y\dot{y})$$

Die Zweckmäßigkeit erweist sich sofort, wenn wir einmal annehmen, diese charakteristischen Parameter C_α seien schon bekannt; dann folgen die vier Elemente i, $\sqrt{p}$, e und v aus dem für die rechnerische Anwendung sehr angenehmen System:

$$\operatorname{tg} i = \frac{C_1}{C_2}$$
$$\sqrt{p} = C_2 \cdot \sec i \tag{16}$$
$$e \cdot \sin v = \sqrt{p} \cdot C_3$$
$$e \cdot \cos v = p/r - 1$$

Diese letztere Rechnung kann sehr bequem mit Rechenschieber, trigonometrischer Tafel und Quadrattafel in wenigen Zeilen ausgeführt werden. Als Kontrolle kann man noch das Energieintegral in der Form:

$$V^2 = K^2 \left(\frac{2}{r} - \frac{1}{a}\right) = \dot{x}^2 + \dot{y}^2 + \dot{z}^2 \qquad (17)$$

verwenden.

Wenn die Beobachtungsgrundlagen vorliegen, zerfällt die Bestimmung der Bahnelemente nun in drei Schritte:

1. Bestimmung der Geschwindigkeitskomponenten nach Gl. (12), wobei die Kohlschütterschen Hilfstafeln große Dienste leisten.
2. Bestimmung der charakteristischen Parameter C_α nach Gl. (15).
3. Bestimmung der Bahnelemente nach Gl. (16).

Da zu 1 die Kohlschütterschen Tafeln vorliegen und zu 3 ein bequemes Formelsystem die Rechnung sehr erleichtert, haben wir unser Augenmerk auf eine möglichst einfache und schnelle Bestimmung der charakteristischen Parameter zu richten. Jede Zeile, die hier erspart werden kann, bedeutet in tausendfacher Anwendung einen Gewinn.

§ 5. Bestimmung der charakteristischen Parameter ohne Rechnung

Wir bemerken zunächst, daß die charakteristischen Parameter nur von den Geschwindigkeitskomponenten des Sternes abhängen. Wenn wir jetzt im Gleichungssystem (15) die erste Gleichung unverändert lassen, die beiden andern aber nach $\dot{y}$ auflösen, so wird:

$$\begin{aligned} C_1 &= \frac{x \sec \Omega}{K} \dot{z} \\ \dot{y} &= +\frac{y}{x} \dot{x} + \frac{K}{x} C_2 \\ \dot{y} &= -\frac{x}{y} \dot{x} + \frac{K}{y} r\, C_3 \end{aligned} \qquad (18)$$

Hierin sind x, y, K, r und Ω als Konstante anzusehen, während nur $\dot{x}, \dot{y}, \dot{z}$ von Stern zu Stern variieren. Betrachten wir einmal

$\dot x, \dot y, \dot z$ als laufende Koordinaten, so lassen die drei Gleichungen (18) eine sehr einfache geometrische Deutung zu:

Die erste Gl. (18) ist eine Gerade durch den Nullpunkt mit $\dot z$ und C_1 als laufende Koordinaten.

Die zweite Gl. (18) stellt für verschiedene Werte des Parameters C_2 in einem Achsensystem mit den Koordinaten $\dot x, \dot y$ eine Schar von parallelen Geraden dar.

Die dritte Gl. (18) stellt für verschiedene Werte des Parameters C_3 im gleichen Koordinatensystem wiederum eine Schar von parallelen Geraden dar.

Die beiden letzten Geradenscharen sind orthogonal.

Die Bestimmung der charakteristischen Parameter C_α kann also sehr einfach aus einem genügend großen Diagrammblatt erfolgen, in welches die Gerade für C_1 und die parallelen orthogonalen Geradenscharen für feste Werte der Parameter C_2 und C_3 eingezeichnet sind. So ist z. B. durch ein gegebenes Wertepaar $\dot x, \dot y$ für einen Stern (hier als laufende Koordinaten) ein Punkt in dem Diagramm festgelegt. Dieser Punkt liegt in einem Quadrat, das von parallelen Geraden umgrenzt wird. Es ist also möglich, die zu diesem einen Punkt gehörigen Werte von C_2 und C_3 sofort abzulesen.

Auch die Entnahme von C_1 ist leicht, indem man mit $\dot z$ als wagrechte Koordinate eingeht und auf der senkrechten Achse sofort C_1 ablesen kann. C_1 ist übrigens stets positiv; denn $\dfrac{x}{K}$ ist stets positv, $\sec \Omega \cdot \dot z$ bleibt immer positiv. Ist $\dot z$ positiv, so befindet sich der Stern im aufsteigenden Knoten, wo auch $\sec \Omega$ positiv ist. Ist dagegen $\dot z$ negativ, so befindet sich der Stern im absteigenden Knoten, wo auch $\sec \mathcal{Y}$ negativ ist, so daß das Produkt, mithin C_1 selbst, stets positiv ist. (Siehe hiezu Abb. 1.)

Die Lage des Punktes mit den Koordinaten $\dot x, \dot y$ in dem Diagrammblatt läßt auch sofort erkennen, ob die Bahn etwa

Abb. 1 *Bestimmung der charakteristischen Parameter C_α*

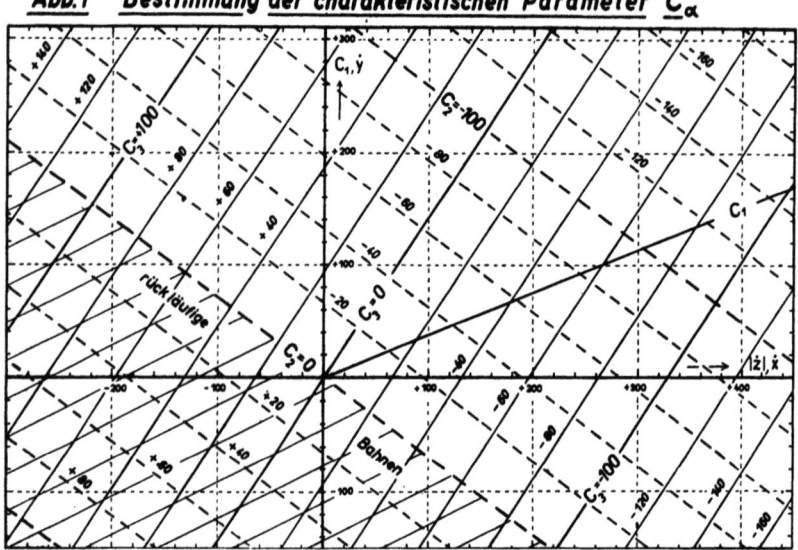

rückläufig ist. Hiezu ist zu beachten, daß wir uns an die Bahnbestimmung der Kleinen Planeten angelehnt haben. Der Umlaufsinn der Fixsterne um das galaktische Zentrum erfolgt aber im umgekehrten Sinne wie der der Kleinen Planeten um die Sonne. Wenn wir also Bahneignungen um 180° herum erhalten, so sind diese in der Galaxis als rechtläufig zu bezeichnen. Rückläufige Bahnen haben also Neigungen kleiner als 90°; tg i müßte für diese also positiv werden; dies ist aber nach obigem nur möglich, wenn $C_2 > 0$ wird. Die Gerade $C_2 = 0$ geht aber durch den Nullpunkt; rückläufige Bahnen, die sehr selten sind, liegen also unterhalb der Geraden $C_2 = 0$. (Vgl. Abb. 1.)

Mit dieser sehr bequemen Entnahme der charakteristischen Parameter C_α ist ein erheblicher Teil der Rechnnug erspart, die sich nun außerordentlich schnell in wenigen Zeilen durchführen läßt.

§ 6. Beispiel einer Bahnbestimmung

Als Beispiel sei einer der ersten Sterne, dessen Bahnelemente nach dem entwickelten Schema bestimmt wurden, gegeben. Es ist der Stern μ Cassiopeiae, der einer der ersten Sterne in Kuipers Katalog der Nearest Stars ist.

Das Schema ist so einfach, daß es kaum noch einer Erläuterung bedarf. Der Stern ist einer der sogenannten „Schnellläufer", mit einer großen Radialgeschwindigkeit von — 94 km/sec. Es ergibt sich die große Bahnneigung von 165°, eine Exzentrizität von 0.82 und eine sehr kleine Bahngeschwindigkeit von nur 120 km/sec.

Beispiel:

Ort (1900) $1^h\ 1^m\!.6\ +54°\ 26'$	$m = 5^m\!.19$	$Sp = G\,5$	Nr. 48
$v_\odot = 268$ km/sec $K^2 = 71.82 \times 10^7$ μ_α ② μ_δ π ① $+3''\!.430\ -1''\!.575\ 0''\!.133\ (t)$	$M = 5^m\!.8$		μ **Cass**
$x_i\ -1.00\ +.08$ $y_i\ -\ .04\ +.15$ $z_i\ +\ .09\ +.99$	$\dfrac{4.74}{\pi} = +35.6$	ρ ① -94 $-.06$ $+.99$ $-.15$	Kuiper = 16 Bright St. = 321 Kohlsch. = 244 Schnell. = 27 H. D. = Schles. Par. = 329

			ξ_*	$\xi_\odot$	
$-3.430\ -\ .126$ $-\ .137\ -\ .236$ $+\ .310\ -1.560$	-3.556 $-\ .373$ -1.250	$-127\ +\ 6$ $-\ 13\ -96$ $-\ 45\ +15$	$-121\ +154$ $-109\ +220$ $-\ 30$	0	$\dot{x} = +\ 33$ $\dot{y} = +111$ $\dot{z} = -\ 30$

$$C_1 = +\ 11.3$$
$$C_2 = -\ 41.0$$
$$C_3 = +13.6\times 10^{-4}$$
$$\mathrm{tg}\,i = C_1/C_2 = -.2755$$
$$i = 164°\!.6$$
$$\sec i = -1.037$$
$$\overline{V_p} = C_2 \sec i = +42.5$$
$$p = 1806$$
$$C_3 \overline{V_p} = +.0578$$
$$p/r - 1 = -.8194$$
$$\mathrm{tg}\,v = -.0706$$
$$v = 176°\!.0$$
$$\sec v = -1.0024$$
$$e = (p/r - 1)\sec v = +\ .822$$

$$1 - e^2 = +.3244$$
$$a = \frac{p}{1-e^2} = 5550\ pc$$
$$q = a(1-e) = 986\ pc$$
$$q' = a(1+e) = 10100\ pc$$
$$a/a_\odot = .555$$
$$U = 0.41\ U_\odot$$

$$\dot{x}^2 = 1089$$
$$\dot{y}^2 = 12321$$
$$\dot{z}^2 = 900$$
$$v^2 = 14310$$
$$v = 120\ \text{km/sec}$$
$$+{}^2\!/r = +0{,}0002000$$
$$-{}^1\!/a = -0{,}0001800$$
$${}^2\!/r - {}^1\!/a = +0{,}0000200$$
$$v^2 = 14350$$
$$v = 120\ \text{km/sec}$$

§ 7. Weitere Vereinfachung zur genäherten Ermittelung der Bahnelemente

Für manche Zwecke, etwa zur Kontrolle oder zur genäherten Bestimmung der Bahnelemente oder auch zur Untersuchung des Einflusses eines Fehlers in den Ausgangswerten erweist sich eine weitere Vereinfachung als sehr zweckmäßig. Sie hat auch zur rohen Kontrolle der nach obigem Schema ermittelten Bahnelemente häufig Verwendung gefunden.

Wir schreiben die ersten beiden Gleichungen (16) wie folgt:

$$C_2 = C_1 \cdot \operatorname{ctg} i$$
$$C_2 = \sqrt{p} \cdot \cos i \tag{19}$$

Für die beiden letzten Gleichungen (16) erhält man durch Division und aus der letzten Gleichung:

$$f_1 = C_3 \cdot \operatorname{ctg} v$$
$$f_2 = e \cdot \cos v \tag{20}$$

Hiebei wurde zur Abkürzung gesetzt:

$$f_1 = \frac{p/r - 1}{\sqrt{p}}$$
$$f_2 = \sqrt{p} \cdot f_1 \tag{21}$$

f_1, f_2 sind Funktionen von $\sqrt{p}$ und bekannt, sobald der Wert von $\sqrt{p}$ bestimmt ist.

Man kann aber die Invarianz der beiden Formelsysteme (19) und (20) ausnutzen, um auch die Bahnelemente selbst aus zwei einfachen Diagrammblättern direkt abzulesen. Die jeweils ersten Gleichungen in (19) und (20) sind cotangensähnliche Kurven, die alle durch den Nullpunkt des Koordinatensystems gehen, während die jeweils zweiten Gleichungen (19) und (20) Geradenscharen darstellen, die sich im Nullpunkt schneiden. Entwirft man diese Diagrammblätter einmal, so kann man mit gegebenen Werten der charakteristischen Parameter C_α sofort die vier gesuchten Bahnelemente ablesen. Die Konstanten f_1, f_2 sind dabei nur Hilfsgrößen, welche für die Berechnung der Diagramme benötigt werden.

Angenehm ist dabei ferner, daß bei den beiden ersten Entnahmen Gl. (19) die y-Koordinate die gleiche, nämlich C_2 ist.

Für die praktische Ausführung ergibt sich das folgende Verfahren:

Bei den beiden ersten Entnahmen, in Abb. 2 und 3 mit ① und ② bezeichnet
(Bestimmung von i und $\sqrt{p}$):

Senkrechter Eingang C_2 $\begin{Bmatrix} \text{Kurven } C_1 \\ \text{Geraden } i \end{Bmatrix}$ ergibt am unteren Rand $\dfrac{i}{\sqrt{p}}$.

Bei den beiden zweiten Entnahmen, in Abb. 2 und 3 mit ③ und ④ bezeichnet
(Bestimmung von v und e):

Senkrechter Eingang $\sqrt{p}$ (aber in beiden Diagrammen in verschiedener Skala).

Bei der Entnahme ist hier auf das Vorzeichen von C_3 zu achten, nämlich:

Abb. 2: Kurven C_3, Entnahme v, falls $C_3 < 0$ ist $180° + v$ zu bilden.

Abb. 3: Geraden v, falls $C_3 < 0$ mit $180° - v$ eingehen, Entnahme $100\,e$.

Die beiden umstehenden Abb. 2 und 3 veranschaulichen, wie zweckmäßig und einfach diese Bestimmung ist. Der Umfang der Diagramme ist so gewählt, daß zirka 98 % der bearbeiteten Sterne in diesen enthalten sind. Nur 2 % der Sterne fallen heraus und liegen außerhalb.

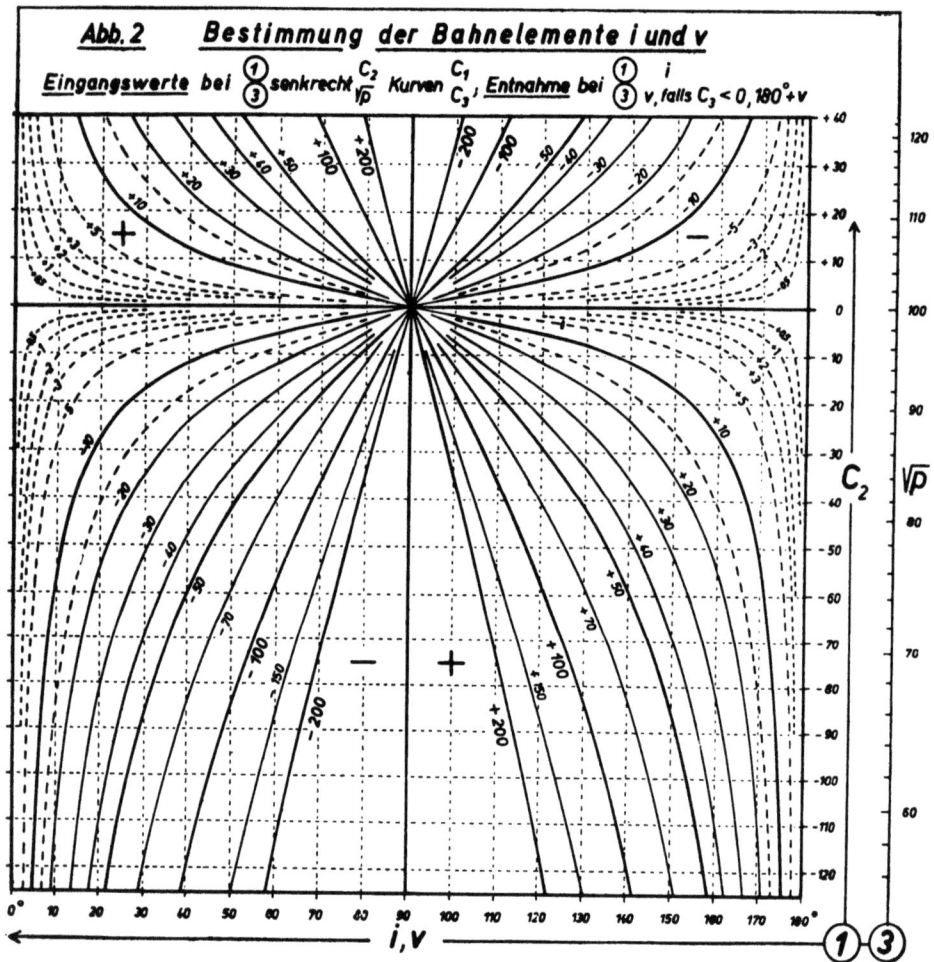

Teil II: Das Beobachtungsmaterial und der Katalog der Bahnelemente

§ 8. Die Auswahl geeigneter Sterne

Bei der Zusammenstellung des Materials für die Berechnungen der Bahnelemente hat es sich als außerordentlich nachteilig erwiesen, daß es keinen Katalog gibt, der bis zu einer etwas weiter hinausgeschobenen Grenze alle Sterne enthält,

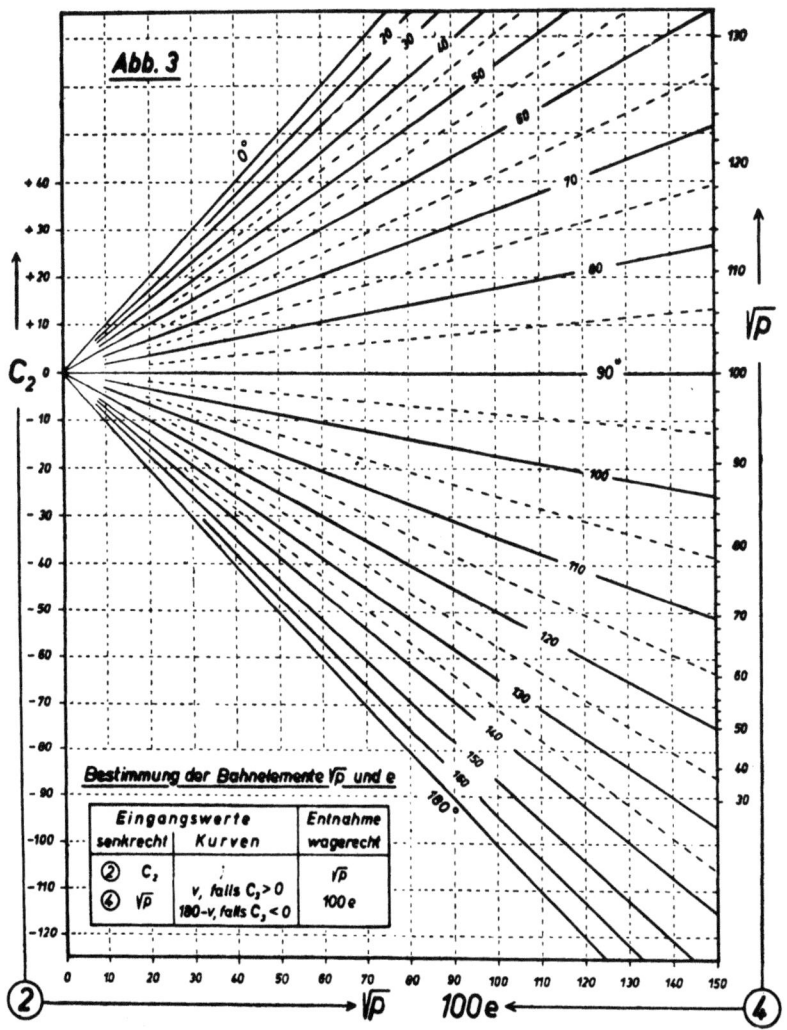

deren Parallaxe, Eigenbewegung und Radialgeschwindigkeit bekannt sind.

Eine gewisse Grundlage bietet zwar Schlesingers Catalogue of Bright Stars, der die bis 1940 bekannten Daten für alle Sterne bis zur Helligkeit $6^m\!.5$ enthält. Leider enthält er aber keine schwächeren Sterne; außerdem sind inzwischen noch viele Daten, besonders Radialgeschwindigkeiten, bekannt geworden, die der Katalog nicht enthält. Immerhin konnten einschließlich der Nachträge rund 500 Sterne aus diesem Katalog entnommen werden, deren Parallaxen $\pi \geq 0\rlap{.}''030$ sind.

Wichtig ist auch Kuipers Liste der Nearest Stars; sie enthält aber nur Sterne mit Parallaxen $\pi \geq 0\rlap{.}''095$, darunter auch viele schwächere. Die Liste enthält ferner viele Doppelsterne, die für unseren Zweck nur einfach zählen und leider sehr viele Sterne, bei denen keine Radialgeschwindigkeiten angegeben sind oder bekannt waren. So blieben bei der ersten Auszählung von 254 Sternen der Liste nur 98 Sterne. Es gelang jedoch, für noch rund 50 Sterne die fehlenden Radialgeschwindigkeiten in verschiedenen neueren Listen zu finden, so daß sich die Anzahl der Sterne dieser Gruppe noch merklich erhöht hat.

Als dritte Hauptliste konnte der Katalog von 555 Schnellläufern, deren Geschwindigkeiten größer als 63 km/sec sind, von G. Miczaika herangezogen werden. Jedoch wurden hier nur die Sterne (mit $\pi \geq 0\rlap{.}''030$) genommen, soweit sie nicht schon in Kuiper's Nearest Stars vorkommen. Es verblieben dann mit Ergänzungen rund 190 Sterne.

Alle wichtigen Kataloge, die benutzt wurden, sind aus der folgenden Übersicht ersichtlich:

Übersicht der hauptsächlich verwendeten Kataloge:

1. G. P. Kuiper: The Nearest Stars, ApJ **95**, 201 (1940).
2. Fr. Schlesinger und L. F. Jenkins: Catalogue of bright stars, 2. Aufl., Yale Observatory (1940).
3. A. Kohlschütter: Tafeln für galaktische Bewegungskoordinaten, Veröff., Bonn, Nr. 22 (1930).
4. G. Miczaika: Die Sterne großer Geschwindigkeit, Astr. Nachr., **270**, 249 (1940).
5. S. A. Mitchell, D. Reuyl und andere: The trigonometric parallaxes of 650 stars, Publ. Leander McCormick Observatory, Vol. VIII (1940).
6. Fr. Schlesinger; General Catalogue of Stellar Parallaxes, Yale University, 2. Aufl. (1935).
7. W. S. Adams: The spectroscopic absolute magnitudes and parallaxes of 4179 stars, ApJ **81**, 187 (1935).
8. J. H. Moore: A general catalogue of the radial velocities of stars, nebulae and clusters, Publ. Lick Observatory, Vol. XVIII (1932).
9. A. H. Joy: Radial velocities and spectral types of 181 dwarf stars, ApJ **105**, 96 (1947).

10. D. M. Popper: Radial velocities of proper-motion stars, ApJ **95**, 307 (1942) und ApJ **98**, 209 (1943).
11. J. H. Moore and G. F. Paddock: Radial velocities, spectral types and luminosity class of 820 stars, ApJ **112**, 48 (1950).
12. A. H. Joy and S. A. Mitchell: Spectroscopic observations of 90 stars, ApJ **108**, 234 (1948).
13. G. Münch: Radial velocities of proper-motion stars, ApJ **99**, 271 (1944).
14. R. E. Wilson, A. H. Joy: The radial velocities of 2111 stars, ApJ **111**, 221 (1950).
15. W. Lohmann: Die galaktischen Bewegungen von 59 gelben und roten Unterzwergen, Zeitschr. f. Astrophys. **25**, 293 (1948).
16. N. G. Roman: The ursa major group, ApJ **110**, 205 (1949).
17. Publ. Cincinnati, Vol. 18, Part IV (1918).
18. Publ. Cincinnati, Vol. 20 (1930).

Der neue „General Catalogue of trigonometric Stellar Parallaxes" des Yale Observatory (1952) konnte leider nicht mehr berücksichtigt werden, da bei seinem Erscheinen der „Katalog der galaktozentrischen Bahnelemente" schon druckfertig vorlag. Zudem erhält er leider auch keine Radialgeschwindigkeiten.

Es ist natürlich sehr schwer, absolute Vollständigkeit zu erreichen, doch dürfte innerhalb der gesteckten Grenzen das Material ziemlich erschöpft sein. Es zeigte sich auch, daß das Gesamtbild sich durch jeweils hinzukommende Sterne nicht mehr merklich änderte.

Die endgültige Einteilung erfolgte dann in vier verschiedene Gruppen, wie folgt:

Gruppe 1: Alle Sterne aus Kuipers Nearest Stars, einschließlich Schnelläufer und verschiedener Nachträge   163 Sterne
Gruppe 2: Schnelläufer, vorwiegend aus der Liste von Miczaika, einschließlich der aus den folgenden Gruppen 3 und 4 übernommenen Sterne mit RG größer als 70 km/sec, aber ohne die Schnelläufer aus Gruppe 1   210 „
Gruppe 3: Alle Sterne aus Schlesingers Bright Stars, soweit sie nicht nach Gruppe 2 übernommen wurden.
Die Gruppe wurde aufgeteilt in
3a: Sterne von 0^h bis 12^h . . . . 250 „
3b: Sterne von 12^h bis 24^h . . . . 285 „
Gruppe 4: Alle aus sonstigen Katalogen ermittelten Sterne, soweit sie nicht in die Gruppe 1 bis 3 gehören . . 118 „

Insgesamt: 1026 Sterne

§ 9. Der Katalog der Bahnelemente

Die Bahnrechnungen wurden gruppenweise ausgeführt, je nach Anfall der aus den Katalogen herausgesuchten Sterne. Erst nach Abschluß der Bahnrechnungen wurde die endgültige Einteilung in die vier obigen Gruppen vorgenommen. Alsdann wurden die Sterne nach Rektaszension geordnet und zu einem Katalog zusammengestellt, der im folgenden in ausführlicher Form veröffentlicht wird.

Die Anordnung ist die folgende:

Linke Seite:

Spalten 1: Laufende Nummer des Sternes, Name, hiebei sind außer den üblichen Abkürzungen für die Sternbildnamen noch die folgenden Abkürzungen benutzt:

Br St = Bright Stars (Schlesinger)
Schn = Schnelläufer
Schl = Schlesingers Parallaxenkatalog
Ross = Ross-Sterne
Wolf = Wolf-Sterne
HR = Harvard Revised...
L = Luyten Stern
AC = Astrographic Catalogue
GC = General Catalogue (Boss)

In den Spalten 2 folgen die Angaben:

Ort des Sternes für 1900.0
m = scheinbare Helligkeit
Sp = Spektrum
M = absolute Helligkeit

Schließlich enthalten die Spalten 3 die eigentlichen für die Bahnrechnung notwendigen Daten, nämlich:

μ_α, μ_δ = Komponenten der jährlichen EB in Bogensekunden
π = Parallaxe in Einheiten von $0''001$
ρ = Radialgeschwindigkeit in km/sec

Die jeweils rechten Seiten der Tabelle geben die eigentlichen Bahnelemente, und zwar enthalten:

Die Spalten 4
Wiederholung der laufenden Nummern:
$180° - i$, auf $0°,1$ genau
v = wahre Anomalie auf $1°$ genau
e = Exzentrizität in Einheiten von 0.001

Die Spalten 5 geben, bezogen auf Sonne $= 1$:

    $a =$ große Halbachse der Bahn
    $q =$ Distanz des Perigalaktikums
    $q' =$ Distanz des Apogalaktikums
    $U =$ Umlaufzeit
Ferner $V =$ Bahngeschwindigkeit in km/sec

Die Spalten 6 enthalten die folgenden Bemerkungen: zunächst die arabische Ziffer der obigen vier Gruppen (s. S. 305), dann eine Identifizierung des Sterns mit einem anderen Katalog und Bemerkungen, wie:

    $\varrho_0 =$ variable RG
    $vD =$ visueller Doppelstern (mit Bahnbewegung)
    $sD =$ spektroskopischer Doppelstern
    $B =$ Stern ist Mitglied des „Bärenstroms"

Der Ordnung halber muß noch bemerkt werden, daß der Katalog sieben Sterne enthält, deren Parallaxen bei der endgültigen Bearbeitung etwas kleiner sind als 0″.030. Dies erklärt sich dadurch, daß die Sterne bei dem Heraussuchen aus dem Katalog von Miczaika — es sind alles Schnelläufer — zunächst Parallaxen größer 0″.030 hatten. In Schlesingers Katalog fanden sich dann etwas kleinere Parallaxen, die für die Rechnung benutzt worden sind. Es handelt sich um die Sterne mit den laufenden Nummern 246, 254, 360, 406, 621, 636, 796.

Galaktozentrische Bahnelemente von

	1	2				3			
lfd. Nr.	Name	Ort 1900 α δ		m	Sp	M	jährl. EB μ_α μ_δ		π ".001	ϱ km/sec
1	Br St 5	0^h $1^m.0$	+ 57°53'	6.1	G5	4.5	+ 0".261	+ 0".034	48	− 13
2	Br St 6	.1.1	− 49 38	5.8	G0	4.0	+ 0.560	− 0.037	45	+ 1
3	Br St 8	1.4	+ 28 28	6.2	K0	5.6	+ 0.376	− 0.180	75	− 8
4	Br St 17	3.5	+ 36 4	6.1	F5	4.7	− 0.105	− 0.145	54	− 14
5	β Cas	3.8	+ 58 36	2.4	F5	1.7	+ 0.527	− 0.178	73	+ 12
6	ε Phe	4.3	− 46 18	3.9	K0	1.7	+ 0.124	− 0.179	37	− 9
7	6 Cet	6.2	− 16 1	5.0	F5	4.0	− 0.082	− 0.263	60	+ 15
8	θ Scl	6.6	− 35 42	5.2	F5	2.9	+ 0.160	− 0.127	34	− 1
9	23 And	8.3	+ 40 29	5.7	A5	3.1	− 0.122	− 0.144	30	− 29
10	+ 40°.45	11.8	+ 40 23	8.7	k0	8.3	+ 0.542	+ 0.096	83	+ 13
11	+ 43°.44 A	12.7	+ 43 27	8.1	M2	10.4	+ 2.870	+ 0.403	284	+ 8
12	γ Tuc	14.9	− 65 28	4.4	G0	5.1	+ 1.710	+ 1.163	138	+ 9
13	9 Cet	17.7	− 12 46	6.4	G0	4.5	+ 0.388	+ 0.066	42	− 7
14	β Hyi	20.5	− 77 49	2.9	G1	3.8	+ 2.223	+ 0.326	152	+ 23
15	α Phe	21.3	− 42 51	2.4	K0	0.6	+ 0.198	− 0.395	43	+ 75
16	+ 66°.34 A	26.3	+ 66 42	10.4	M2	10.4	+ 1.750	− 0.184	103	− 4
17	− 35°.170	28.8	− 35 32	6.6	G0	5.0	− 0.052	− 0.523	49	+ 28
18	14 Cet	30.4	− 1 3	5.9	F8	3.3	+ 0.133	− 0.057	30	+ 4
19	Schn 11	32.2	− 25 19	5.7	K0	4.0	+ 1.383	− 0.008	68	+ 17
20	ε And	33.3	+ 28 46	4.5	G5	2.2	− 0.232	− 0.249	34	− 83
21	Schl 163	33.5	+ 30 4	11.4	M3	11.0	+ 1.548	+ 0.081	87	+ 10
22	54 Psc	34.2	+ 20 43	6.0	K1	6.0	− 0.466	− 0.369	104	− 34
23	Schn 16	35.3	+ 39 40	7.5	K0	6.7	+ 0.347	− 0.721	69	− 63
24	Schn 17	35.5	− 24 21	6.2	K0	4.0	+ 0.640	− 0.329	36	− 54
25	Schl 189	38.2	+ 75 24	7.4	G4	5.4	+ 0.388	− 0.100	39	− 9
26	β Cet	38.6	− 18 32	2.2	K0	1.0	+ 0.230	+ 0.040	57	+ 13
27	Br St 197	39.8	− 22 53	5.3	A5	2.7	− 0.069	+ 0.087	30	+ 10
28	18 Cet	40.5	− 13 25	6.1	G0	4.3	− 0.037	− 0.196	44	− 13
29	γ And	42.0	+ 23 43	var.	K0	−	− 0.104	− 0.080	34	− 26
30	η Cas A	43.0	+ 57 17	3.6	G0	4.9	+ 1.101	− 0.523	182	+ 9
31	H R 222	43.1	+ 4 46	5.9	K2	6.7	+ 0.752	− 1.142	148	− 13
32	64 Psc	43.7	+ 16 24	5.2	F5	3.4	− 0.009	− 0.201	45	+ 5
33	v.Maan.2	43.9	+ 4 55	12.4	wG	14.3	+ 1.265	− 2.710	243	+238
34	φ² Cet	45.1	− 11 11	5.2	F5	4.2	− 0.231	− 0.222	62	+ 8
35	Wolf 23	45.3	+ 57 45	11.5	M2	10.4	+ 1.532	+ 0.383	59	− 19
36	18 C.112	46.1	+ 18 12	9.7	K6	9.4	+ 0.020	− 0.272	88	+ 10
37	Br St 244	47.1	+ 60 35	4.9	F8	3.9	− 0.071	+ 0.177	63	+ 21
38	− 31°.325	48.1	− 30 54	7.2	K5	7.3	+ 0.620	+ 0.042	107	− 5
39	Schn 21	48.9	+ 23 32	8.8	R	7.1	+ 0.150	− 0.008	45	−234
40	Schn 22	50.4	+ 68 31	9.4	K	7.6	+ 0.705	− 0.227	44	− 46

1026 Fixsternen mit Parallaxen $> 0\overset{"}{.}030$

	4			5				6
lfd. Nr.	$180°$ $-i$	v	e $\vert.001$	Sonne -1			V km/sec	Bemerkungen
				a	q	q'	U	
1	0°0	198°	180	0.86	0.70	1.01	0.79	245	3,Schl 5,vD, 107 J
2	1.9	145	276	0.84	0.61	1.07	0.77	241	3,Schl 6,Begl 12^{m}in 5"
3	2.1	165	161	0.87	0.73	1.01	0.81	246	3,Schl 9
4	0.9	221	96	0.94	0.85	1.03	0.90	259	3,Schl 16
5	3.2	341	263	1.34	0.99	1.70	1.56	299	3,Br St 21
6	3.0	173	167	0.86	0.71	1.00	0.79	244	3,Br St 25
7	2.6	223	89	0.94	0.86	1.03	0.92	259	3,Br St 33
8	0.0	191	184	0.85	0.69	1.00	0.78	242	3,Br St 35
9	1.6	223	186	0.90	0.73	1.06	0.85	252	3,Br St 41, ς_o
10	0.6	101	128	0.99	0.87	1.12	0.99	266	4,Schl 62
11	0.4	337	-336	1.48	0.98	1.96	1.79	308	1,Kuip 1,aD,Begl in 33"
12	8.1	99	223	1.01	0.79	1.24	1.02	270	1,Kuip 3,Br St,77
13	1.1	134	191	0.90	0.73	1.07	0.85	253	3,Br St 88
14	6.9	153	343	0.79	0.52	1.06	0.70	229	1,Kuip 4,Br St 98
15	31.3	165	667	0.64	0.21	1.07	0.51	178	2,Br St 99,vD,3849^d, ς_o
16	3.1	148	368	0.80	0.50	1.10	0.71	232	1,Kuip 5,vD
17	5.1	200	305	0.79	0.55	1.03	0.70	230	4,Schl 143
18	2.0	156	123	0.90	0.79	1.01	0.86	253	3,Br St 143
19	5.3	146	422	0.79	0.46	1.13	0.70	230	2,Br St 159,vD, 25 J
20	5.1	213	423	0.78	0.45	1.11	0.69	227	2,Schn 14,Br St 163
21	0.7	138	359	0.84	0.54	1.14	0.77	241	4,Schl 163
22	2.5	230	194	0.91	0.73	1.08	0.86	253	1,Kuip 7,Br St 166
23	6.2	189	479	0.68	0.36	1.01	0.56	195	2,Schl 171
24	15.3	166	510	0.68	0.33	1.03	0.56	195	2,Br St 173
25	3.4	153	250	0.83	0.62	1.03	0.75	240	4,G C 873
26	2.8	121	81	0.96	0.89	1.04	0.95	263	3,Br St 188
27	1.8	0	151	1.18	1.00	1.36	1.28	287	3,Schl 201
28	1.8	206	136	0.89	0.77	1.02	0.85	252	3,Br St 203
29	1.8	225	134	0.92	0.80	1.05	0.89	256	3,Br St 215, ς_o
30	3.2	124	123	0.95	0.83	1.06	0.92	259	1,Kuip 8,vD,526 J
31	2.1	182	306	0.77	0.53	1.00	0.67	223	1,Kuip 10
32	4.2	206	64	0.96	0.90	1.03	0.95	260	3,Br St 225,Zwei Spektr., ς_o
33	35.8	19	1195	-	0.98	-	-	399	1,Kuip 11, Hyperbel
34	2.8	271	88	1.01	0.92	1.10	1.01	269	3,Br St 235, B.
35	10.8	155	565	0.72	0.31	1.12	0.60	207	4,Schl 242
36	3.7	198	17	0.98	0.97	1.00	0.98	266	4, —
37	2.4	10	178	1.21	1.00	1.43	1.34	291	3,Schl 250
38	1.3	142	127	0.92	0.80	1.03	0.87	255	1,Kuip 12,aD
39	52.3	206	566	0.73	0.31	1.14	0.62	211	2,Schl 259
40	7.6	169	508	0.68	0.33	1.02	0.55	193	2,Corm 721

Galaktozentrische Bahnelemente von

lfd. Nr.	Name	\multicolumn{5}{c	}{Ort 1900}	\multicolumn{2}{c	}{jährl. E B}	π	ϑ
		α	δ	m	Sp	M	μ_α	μ_δ	".001	km/sec
41	μ And	$0^h 51^m.2$	+ 37°57'	3.9	A2	1.7	+ 0".152	+ 0".034	37	+ 8
42	Schl 285	54.1	+ 31 57	7.0	F5	4.7	+ 0.357	− 0.050	33	+ 22
43	Wolf 44	55.1	+ 60 50	10.8	M2	10.4	+ 0.810	− 0.750	81	+ 13
44	+ 70°68 b	55.1	+ 71 9	9.9	M3	10.1	+ 1.740	− 0.370	109	0
45	+ 61°195	56.3	+ 61 48	9.5	M1	9.9	+ 0.733	+ 0.103	120	− 6
46	ζ Scl	56.6	− 39 27	5.6	K0	3.1	+ 0.075	+ 0.056	32	− 31
47	Schn 26	1^h 0.4	+ 63 24	8.7	K7	7.8	+ 1.520	+ 0.290	68	− 4
48	μ Cas	1.6	+ 54 26	5.2	G5	5.8	+ 3.430	− 1.575	133	− 97
49	+ 22°176	2.2	+ 22 26	8.6	K0	6.8	+ 0.125	− 0.505	44	− 3
50	Schn 29	2.9	+ 1 28	6.7	G5	4.1	+ 0.137	− 0.427	30	− 95
51	+ 16°120	3.4	+ 16 43	10.5	K6	8.8	− 0.090	− 0.600	46	− 36
52	η Cet	3.6	− 10 43	3.6	K0	1.0	+ 0.213	− 0.132	30	+ 12
53	β And	4.1	+ 35 5	2.4	M	0.5	+ 0.177	− 0.113	43	0
54	44 And	4.6	+ 41 33	5.7	G0	3.2	− 0.139	− 0.040	31	− 11
55	37 Cet	9.4	− 8 28	5.2	F0	3.5	− 0.121	+ 0.279	46	+ 22
56	ν Phe	10.7	− 46 4	4.9	G0	4.4	+ 0.659	+ 0.185	79	+ 12
57	κ Tuc	12.4	− 69 24	5.1	F8	3.4	+ 0.399	+ 0.112	47	+ 9
58	Schn 32	14.0	− 9 27	8.9	G0	5.7	− 0.239	− 0.473	37	− 5
59	45 Cet	19.0	− 8 42	3.8	K0	2.7	− 0.080	− 0.215	60	+ 17
60	δ Cas	19.3	+ 59 43	var.	A5	−	+ 0.297	− 0.047	32	+ 7
61	+ 17°202	19.5	+ 17 59	9.1	K0	7.4	+ 0.578	− 0.194	46	+ 8
62	Br St 410	20.4	+ 34 4	6.3	F5	3.7	+ 0.228	− 0.085	31	+ 17
63	ϱ Psc	20.9	+ 18 39	5.3	F0	3.1	− 0.027	+ 0.011	36	− 8
64	Schn 37	27.3	+ 68 26	6.7	G5	4.6	− 0.384	− 0.111	38	− 31
65	ν And	30.9	+ 40 54	4.2	G0	3.2	− 0.175	− 0.378	63	− 28
66	L 726/8	34.0	− 18 28	12.0	M6	16.7	+ 3.305	+ 0.570	560	+ 30
67	α Eri	34.0	− 57 45	0.6	B5	− 1.2	+ 0.092	− 0.034	45	+ 19
68	Schn 41	34.1	+ 66 25	7.6	G5	5.7	+ 0.707	− 0.254	41	+ 16
69	Br St 483	35.7	+ 42 7	5.1	F8	4.8	+ 0.809	− 0.149	86	+ 4
70	ν Psc	36.2	+ 4 59	4.7	K0	2.6	− 0.024	+ 0.005	39	0
71	Schn 42	36.8	+ 63 22	8.2	K2	7.5	− 0.395	− 0.577	71	− 51
72	107 Psc	37.1	+ 19 47	5.4	K0	6.0	− 0.296	− 0.671	132	− 33
73	Schl 512	37.4	− 18 24	7.4	G0	5.7	− 0.540	0.000	46	− 5
74	τ Cet	39.4	− 16 28	3.7	G5	6.0	− 1.718	+ 0.860	298	− 16
75	109 Psc	39.5	+ 19 35	6.2	G5	4.7	− 0.042	− 0.108	50	− 44
76	H R 511	40.5	+ 63 22	5.7	K1	5.9	+ 0.584	− 0.246	111	+ 2
77	σ Scl	41.0	− 25 33	5.4	F0	3.0	+ 0.160	− 0.051	33	+ 14
78	Br St 523	43.0	+ 32 11	5.8	F5	3.7	− 0.173	+ 0.301	38	− 26
79	Br St 529	44.6	+ 51 26	5.9	F5	3.4	+ 0.041	− 0.118	31	− 17
80	χ Cet	44.7	− 11 11	4.8	F0	2.9	− 0.154	− 0.084	42	− 1

1026 Fixsternen mit Parallaxen $> 0\rlap{.}''030$

	4			5			6	
lfd. Nr.	180°−i	v	e .001	Sonne = 1 a	q	q'	U	V km/sec	Bemerkungen

lfd. Nr.	180°−i	v	e·.001	a	q	q'	U	V km/sec	Bemerkungen
41	0°.4	109°	78	0.98	0.90	1.06	0.97	265	3,Br St 269
42	3.4	126	218	0.92	0.72	1.12	0.88	256	4,G C 1186
43	9.6	126	200	0.92	0.73	1.10	0.88	255	4,-
44	2.8	147	359	0.80	0.52	1.09	0.72	233	1,Kuip 13
45	1.4	157	169	0.87	0.72	1.02	0.81	247	1,Kuip 14,Begl in 294"
46	6.0	44	93	1.08	0.98	1.18	1.12	277	3,Br St 288
47	8.1	151	475	0.76	0.40	1.12	0.66	219	2,Schl 318
48	15.4	176	822	0.56	0.10	1.01	0.41	120	1,Kuip 16,Br St 321
49	9.4	186	253	0.80	0.60	1.00	0.72	232	4,Schl 332
50	16.1	196	535	0.68	0.32	1.05	0.56	195	2,Schl 337
51	4.7	204	359	0.77	0.49	1.05	0.68	224	4,20 C 82
52	3.4	167	241	0.81	0.62	1.01	0.73	235	3,Br St 334
53	2.0	159	127	0.90	0.78	1.01	0.85	252	3,Br St 337
54	0.8	289	97	1.04	0.94	1.14	1.06	273	3,Br St 340, B.
55	2.0	49	139	1.11	0.96	1.27	1.17	281	3,Br St 366,Begl 8ᵐ7 in 49"
56	2.3	137	187	0.89	0.73	1.06	0.84	251	3,Br St 370
57	2.1	146	203	0.87	0.69	1.04	0.81	247	3,Br St 377, vD 5"
58	4.3	226	280	0.87	0.63	1.12	0.81	248	2,Corm 738
59	4.8	221	53	0.96	0.91	1.01	0.94	263	3,Br St 402
60	0.0	140	205	0.88	0.70	1.06	0.82	248	3,Br St 403, var., 9₀
61	2.9	157	336	0.78	0.52	1.03	0.69	227	4,Schl 418
62	3.2	133	155	0.91	0.77	1.05	0.86	255	3,Schl 423
63	1.3	257	28	1.00	0.97	1.02	0.99	268	3,Br St 413, B.
64	0.2	286	234	1.12	0.86	1.39	1.19	282	2,Schl 456
65	4.1	220	164	0.90	0.75	1.05	0.85	250	3,Br St 458
66	16.0	149	874	1.05	0.13	1.97	1.08	275	1,ApJ 109.537, vD
67	2.7	180	118	0.90	0.79	1.00	0.85	251	3,Br St 472, Achernar
68	2.5	140	376	0.83	0.52	1.14	0.76	239	2,Schl 489
69	0.2	150	214	0.84	0.66	1.02	0.76	242	3,Schl 497
70	0.0	347	27	1.03	1.00	1.06	1.05	271	3,Br St 489, B.
71	10.2	229	218	0.90	0.70	1.09	0.85	258	2,Schl 507
72	0.2	218	199	0.88	0.70	1.05	0.82	248	1,Kuip 20,Br St 493
73	4.0	153	280	0.81	0.58	1.04	0.73	235	4,Corm 753
74	2.1	16	239	1.30	0.99	1.61	1.49	297	1,Kuip 21,Br St 509
75	4.9	218	189	0.88	0.72	1.05	0.83	249	3,Br St 508
76	0.9	147	136	0.90	0.78	1.02	0.86	253	1,Kuip 22,Br St 511
77	2.1	163	159	0.87	0.73	1.01	0.81	247	3,Br St 514,vD
78	7.7	327	198	1.21	0.97	1.45	1.33	291	3,Schl 532
79	2.8	189	144	0.88	0.75	1.00	0.82	248	3,Schl 535
80	1.3	296	77	1.04	0.96	1.12	1.06	273	3,Br St 531

Galaktozentrische Bahnelemente von

lfd. Nr.	Name	Ort 1900 α	δ	m	Sp	M	jährl EB μ_α	μ_δ	π .001	q km/sec
81	α Tri	1^h 47^m.4	+ 29° 6'	3.6	F5	2^m.1	+ 0".010	- 0".230	51	- 13
82	Schl 552	48.0	- 22 56	8.7	K9	8.3	+ 0.860	+ 0.007	81	+ 28
83	β Ari	49.1	+ 20 19	2.7	A5	1.7	+ 0.098	- 0.110	64	- 3
84	χ Eri	52.1	- 52 6	3.7	G5	2.4	+ 0.675	+ 0.294	55	- 6
85	Br St 574	53.2	- 47 52	4.7	G5	2.5	+ 0.092	+ 0.018	36	+ 12
86	112 Psc	55.0	+ 2 37	5.8	G0	3.7	+ 0.231	- 0.245	37	- 17
87	α Hyi	55.6	- 62 3	3.0	F0	2.5	+ 0.263	+ 0.034	80	+ 7
88	20 C 146	2^h 0.7	+ 44 43	9.9	M0	8.1	+ 0.360	- 0.410	43	+ 62
89	α Ari	1.5	+ 22 59	2.2	K2	0.4	+ 0.192	- 0.146	44	- 14
90	64 Cet	6.1	+ 8 6	5.7	G0	3.2	- 0.141	- 0.109	32	- 18
91	Schn 47	6.3	- 51 19	6.3	G5	5.9	+ 2.108	+ 0.651	84	+ 50
92	η Ari	7.2	+ 20 44	5.4	F5	3.2	+ 0.160	+ 0.004	38	+ 5
93	+ 2°348	7.4	+ 3 10	10.3	M3	10.2	- 1.765	- 1.895	95	+ 7
94	66 Cet	7.7	- 2 52	5.7	G0	3.9	+ 0.369	- 0.063	44	- 3
95	μ For	8.5	- 31 12	5.2	A0	4.1	+ 0.018	+ 0.009	61	+ 17
96	Schl 643	9.2	+ 64 30	8.4	G0	6.1	- 0.376	- 0.330	35	- 31
97	Schn 51	9.5	- 1 40	8.4	F8	6.1	+ 1.026	- 0.079	31	+ 19
98	21 Ari	10.0	+ 24 35	5.6	F5	3.4	- 0.092	- 0.080	36	- 44
99	20 Ari	10.0	+ 25 19	5.8	F2	3.4	+ 0.174	- 0.060	33	+ 26
100	δ Tri	11.0	+ 33 46	5.1	G0	5.0	+ 1.155	- 0.240	96	- 6
101	γ Tri	11.4	+ 33 23	4.1	A0	1.5	+ 0.046	- 0.048	30	+ 13
102	Schn 52	12.8	+ 1 17	5.8	F8	3.5	+ 0.372	+ 0.381	35	+ 27
103	Schn 53	14.0	+ 70 43	8.5	K2	6.2	+ 0.582	- 0.212	34	- 26
104	Br St 683	14.5	- 26 25	6.4	G0	6.2	- 0.220	+ 0.450	93	+ 6
105	κ For	18.0	- 24 16	5.4	F5	4.2	+ 0.200	- 0.057	69	+ 18
106	δ Hyi	20.0	- 69 7	4.3	A2	2.5	- 0.048	+ 0.008	45	+ 11
107	18 C 319	22.5	+ 3 59	8.6	M1	7.8	+ 0.150	+ 0.210	68	+ 2
108	13 Tri	22.9	+ 29 29	5.9	G0	3.9	- 0.069	+ 0.076	40	+ 42
109	σ Cet	27.4	- 15 41	4.8	F5	2.2	- 0.075	- 0.116	30	- 29
110	79 Cet	30.3	- 3 59	6.8	G0	4.4	- 0.148	- 0.428	33	- 54
111	H R 753 A	30.6	+ 6 25	6.0	K3	6.8	+ 1.807	+ 1.459	144	+ 23
112	31 Ari	31.2	+ 12 1	5.7	F5	3.3	+ 0.279	- 0.082	34	+ 7
113	Schn 58	32.7	+ 30 24	7.2	G0	3.6	- 0.484	- 0.388	32	-100
114	λ² For	32.8	- 35 0	5.8	G1	4.0	- 0.018	- 0.264	44	+ 4
115	ε Cet	34.7	- 12 18	5.0	F5	3.7	+ 8.147	- 0.232	56	+ 16
116	ι Eri	36.7	- 40 17	4.1	K0	1.5	+ 0.133	- 0.028	30	- 9
117	θ Per	37.4	+ 48 48	4.2	F8	3.6	+ 0.337	- 0.087	78	+ 25
118	+ 18°339	37.7	+ 19 0	8.6	K4	7.3	+ 0.450	- 0.010	56	+ 27
119	γ Cet	38.1	+ 2 49	3.6	A2	1.6	- 0.141	- 0.147	40	- 9
120	Ross 556	38.4	+ 25 6	10.7	M3	11.5	+ 0.835	- 0.338	143	+ 38

1026 Fixsternen mit Parallaxen > 0."030

	4			5				6
lfd. Nr.	180°-i	v	e ,001	a	q	q'	U	V km/sec	Bemerkungen
81	2°5	201°	135	0.89	0.77	1.01	0.84	251	3,Br St 544, ♀.
82	3.4	150	281	0.82	0.59	1.05	0.75	237	4,G C 2280
83	0.4	176	73	0.93	0.86	1.00	0.90	258	3,Br St 553, ♀.
84	2.5	124	248	0.92	0.69	1.15	0.88	255	3,Br St 566,Begl 11^m,6"
85	1.8	200	96	0.92	0.83	1.01	0.88	256	3,Schl 577
86	1.8	182	312	0.76	0.53	1.00	0.67	223	3,Br St 582
87	0.7	159	101	0.92	0.82	1.01	0.88	255	3,Br St 591, ♀.
88	9.9	92	270	1.07	0.78	1.36	1.11	276	4,——
89	0.7	180	203	0.83	0.66	1.00	0.76	239	3,Br St 617
90	0.4	266	119	1.01	0.89	1.13	1.01	268	3,Br St 635
91	21.8	148	532	0.77	0.36	1.18	0.67	224	2,Br St 637
92	0.9	144	99	0.93	0.84	1.02	0.90	257	3,Br St 646
93	17.4	276	390	1.20	0.73	1.67	1.32	291	1,Kuip 25
94	3.2	162	234	0.82	0.63	1.02	0.75	238	3,Br St 650,vD
95	3.5	152	38	0.97	0.93	1.00	0.95	264	3,Br St 652
96	12.8	61	190	1.14	0.92	1.35	1.21	283	2,Corm 763
97	11.6	160	691	0.67	0.21	1.13	0.55	191	2,Corm 764
98	3.0	232	183	0.92	0.75	1.09	0.88	256	3,Br St 657
99	2.9	122	139	0.94	0.81	1.08	0.92	260	3,Br St 656
100	3.1	163	332	0.77	0.51	1.02	0.67	223	3,Br St 660, ♀.
101	2.1	104	51	0.99	0.94	1.04	0.99	267	3,Br St 664, ♀.
102	4.6	77	288	1.16	0.83	1.50	1.25	286	2,Br St 672, ♀.
103	0.9	166	508	0.68	0.34	1.03	0.57	195	2,Corm 768
104	1.8	26	158	1.17	0.98	1.36	1.27	287	3,Schl 695
105	3.4	158	115	0.90	0.80	1.01	0.86	253	3,Br St 695
106	2.2	218	30	0.98	0.95	1.01	0.97	265	3,Br St 705
107	1.9	61	67	1.04	0.97	1.11	1.06	273	4,——
108	3.1	27	263	1.32	0.98	1.67	1.52	299	3,Br St 720
109	3.6	272	120	1.02	0.90	1.14	1.03	270	3,Br St 740
110	2.4	231	334	0.89	0.59	1.19	0.84	251	2,Schn 56
111	7.2	90	270	1.08	0.79	1.38	1.13	278	1,Kuip 26,Begl in 164"
112	0.9	164	198	0.84	0.68	1.01	0.78	242	3,Br St 763
113	7.4	248	477	1.06	0.55	1.56	1.09	273	2,Schl 779
114	0.2	210	153	0.89	0.75	1.03	0.84	251	3,Br St 772
115	3.3	178	169	0.86	0.71	1.00	0.79	244	3,Br St 781
116	4.0	162	93	0.92	0.84	1.01	0.88	256	3,Br St 794
117	0.0	90	0	1.00	1.00	1.00	1.00	269	3,Br St 799,Begl 10^m,vD
118	0.0	132	193	0.90	0.73	1.08	0.86	254	4,20 C 179
119	1.9	266	88	1.00	0.91	1.09	1.00	268	3,Br St 804,vD
120	3.4	120	177	0.94	0.77	1.11	0.91	259	1,Kuip 28

lfd. Nr.	Name	Ort 1900 α	δ	m	Sp	M	jährl. EB μ_α	μ_δ	π .001	ϑ km/sec
121	ι Hor	$2^h\ 39^m.1$	− 51°14'	5.4	F5	4.7	+ 0.327	+ 0.225	74	+ 17
122	μ Cet	39.5	+ 9 42	4.4	F0	1.9	+ 0.284	− 0.030	32	+ 29
123	τ¹ Eri	40.4	− 19 0	4.6	F5	3.7	+ 0.331	+ 0.045	66	+ 26
124	+ 15°395	45.0	+ 15 18	9.2	K5	7.0	+ 0.308	− 0.406	36	− 26
125	Wolf 1323	45.9	+ 34 0	9.5	K6	9.5	+ 0.934	− 1.000	100	− 46
126	H R 857	47.7	− 13 11	6.1	K2	6.7	+ 0.395	− 0.170	134	+ 28
127	Br St 860	48.0	+ 61 7	5.6	F5	3.3	+ 0.148	+ 0.037	35	+ 29
128	ρ Ari	50.8	+ 17 37	5.6	F5	3.3	+ 0.277	− 0.209	35	+ 14
129	Br St 870	50.9	+ 7 59	6.1	F8	3.5	+ 0.067	− 0.084	31	+ 29
130	η Eri	51.5	− 9 18	4.4	K0	3.3	+ 0.078	− 0.213	74	− 20
131	Ross 791	52.0	+ 10 24	12.0	M3	10.7	+ 1.905	− 0.350	56	+ 49
132	47 Ari	52.4	+ 20 16	5.8	F0	3.3	+ 0.233	− 0.033	32	+ 29
133	+ 5°435	55.2	+ 5 36	8.2	G5	6.3	+ 0.649	− 0.168	42	+ 66
134	+ 61°513	55.7	+ 61 21	6.7	G0	4.2	+ 0.731	− 0.682	32	− 7
135	ε For	57.3	− 28 28	5.9	G5	3.8	+ 0.272	− 0.419	38	+ 31
136	τ³ Eri	58.0	− 24 1	4.2	A3	3.0	− 0.145	− 0.046	58	− 10
137	+ 39° 710	3^h 0.4	+ 39 58	9.5	K6	7.0	− 0.435	− 0.180	32	− 48
138	Schn 65	1.2	+ 1 36	8.9	M0	7.7	+ 0.330	− 0.849	58	− 21
139	β Per	1.7	+ 40 34	var	B8	−	+ 0.006	− 0.001	31	+ 6
140	ι Per	1.8	+ 49 14	4.2	G0	3.8	+ 1.267	− 0.081	85	+ 50
141	δ Ari	5.9	+ 19 21	4.5	K0	1.9	+ 0.152	− 0.007	30	+ 25
142	Ross 345	7.4	+ 51 59	9.7	M0	8.8	− 0.435	− 0.400	42	− 55
143	Wolf 134	7.6	+ 18 28	14.4	M0	13.1	+ 1.330	− 1.120	54	−102
144	94 Cet	7.7	− 1 34	5.1	F8	3.8	+ 0.195	− 0.059	56	+ 18
145	α For	7.8	− 29 23	4.0	F8	3.2	+ 0.331	+ 0.642	72	− 21
146	+ 8°482	9.4	+ 8 37	7.7	K0	5.5	+ 0.427	− 0.392	36	− 22
147	Wolf 1324	9.9	+ 37 45	10.5	K5	9.2	+ 0.705	− 1.240	55	−166
148	Br St 983	11.1	− 6 17	6.0	B9	3.8	+ 0.007	0.000	37	+ 7
149	Wolf 1325	11.6	+ 37 53	10.0	M1	9.2	+ 0.615	− 0.620	70	+ 9
150	κ Cet	14.1	+ 3 0	5.1	G4	5.2	+ 0.267	+ 0.096	106	+ 19
151	82 Eri	15.9	− 43 27	4.3	G5	5.3	+ 3.056	+ 0.744	159	+ 87
152	ζ₂ Ret	16.0	− 62 53	5.2	G3	5.3	+ 1.328	+ 0.655	105	+ 12
153	Schn 74	20.1	− 5 42	8.1	K0	7.0	− 0.240	− 0.784	59	− 12
154	Ross 34	22.3	+ 37 3	10.6	K5	9.2	+ 1.410	− 1.120	53	−174
155	− 20°643	23.3	− 20 10	8.2	K5	6.4	+ 0.518	+ 0.302	44	+ 31
156	κ Ret	27.6	− 63 17	4.8	F5	3.7	+ 0.372	+ 0.371	59	+ 12
157	ε Eri	28.2	− 9 48	3.8	K2	6.2	− 0.975	+ 0.022	303	+ 15
158	10 Tau	31.8	+ 0 5	4.4	G5	3.2	− 0.234	− 0.479	57	+ 28
159	21 Eri	34.1	− 5 57	6.0	G5	3.6	− 0.013	− 0.201	33	+ 40
160	Schn 75	35.3	− 3 32	6.7	F8	4.4	+ 0.708	− 0.215	34	+114

1026 Fixsternen mit Parallaxen > 0."030

	4			5				6
lfd. Nr.	180° −l	v	e .001	a	Sonne−1 q	q'	U	V km/sec	Bemerkungen
121	2°.0	141°	135	0.91	0.79	1.03	0.87	254	3,Br St 810
122	1.0	143	239	0.86	0.65	1.06	0.80	245	3,Br St 813, ♀.
123	2.8	145	165	0.89	0.74	1.04	0.84	251	3,Br St 818
124	0.3	185	454	0.69	0.38	1.00	0.57	198	4,Schl 840,Corm 777
125	0.0	185	486	0.68	0.35	1.00	0.55	193	1,Schl 845
126	4.1	152	134	0.90	0.78	1.02	0.85	252	1,Kuip 29
127	3.1	65	140	1.08	0.93	1.23	1.12	278	3,Schl 857
128	2.3	165	287	0.79	0.56	1.01	0.70	228	3,Br St 869
129	4.9	134	111	0.94	0.83	1.04	0.90	258	3,Schl 871
130	3.1	222	95	0.94	0.85	1.03	0.91	259	3,Br St 874
131	11.8	162	736	0.66	0.17	1.14	0.53	185	4,20 C 196
132	0.7	132	198	0.90	0.72	1.08	0.86	253	3,Br St 878
133	4.9	150	453	0.77	0.42	1.12	0.67	224	2,Schn 62,Corm 789
134	11.7	164	685	0.64	0.20	1.09	0.52	180	2,Schn 63
135	3.7	184	431	0.70	0.40	1.00	0.59	201	2,Schn 64,Br St 914
136	0.4	327	94	1.09	0.99	1.19	1.14	278	3,Br St 919, B.
137	8.7	287	299	1.19	0.84	1.55	1.30	288	4,——
138	1.1	192	451	0.70	0.38	1.02	0.59	202	2,Corm 792
139	0.4	46	29	1.02	0.99	1.05	1.03	270	3,Br St 936, Algol,4fach,♀.
140	6.3	119	309	0.94	0.65	1.23	0.91	259	2,Br St 937, Schn 66
141	0.2	124	140	0.94	0.81	1.07	0.91	259	3,Br St 951,Corm 794
142	13.4	254	221	0.99	0.77	1.21	0.98	264	4,20 C 213
143	26.8	185	826	0.56	0.10	1.02	0.42	123	2,20 C 212
144	1.6	152	132	0.90	0.78	1.02	0.85	253	3,Br St 962,vD
145	6.1	41	228	1.24	0.95	1.52	1.38	292	3,Br St 963,vD
146	4.8	183	486	0.67	0.35	1.00	0.55	192	4,Corm 795
147	4.2	189	887	0.58	0.07	1.10	0.45	144	2,20 C 217
148	0.9	96	20	1.00	0.98	1.02	1.00	267	3,Schl 955,vD,0."8
149	3.4	164	330	0.76	0.51	1.02	0.67	221	4,Schl 958
150	0.9	114	88	0.97	0.88	1.06	0.96	264	1,Kuip 30,Br St 996
151	7.7	162	614	0.66	0.26	1.07	0.54	188	1,Kuip 33,Br St 1008
152	3.2	149	317	0.81	0.55	1.07	0.73	235	1,Kuip 31,BrSt 1010,Begl 5.5,+)
153	6.2	223	262	0.87	0.64	1.10	0.81	246	2,Schl 1002
154	37.5	186	935	0.55	0.04	1.07	0.41	118	2,Schl 1014
155	3.2	128	286	0.90	0.64	1.16	0.85	251	4,Corm 800
156	0.5	137	206	0.89	0.70	1.07	0.84	250	3,Br St 1083,Begl in 54"
157	4.1	13	71	1.07	1.00	1.15	1.11	277	1,Kuip 34,Br St 1084
158	10.9	195	109	0.90	0.81	1.00	0.86	254	3,Br St 1101
159	9.4	168	170	0.86	0.72	1.01	0.80	244	3,Br St 1111
160	9.5	159	675	0.68	0.22	1.14	0.56	195	2,Schl 1066

+) 310"

Galaktozentrische Bahnelemente von

		1		2				3		
lfd. Nr.	Name	Ort 1900 α	δ	m	Sp	M	jährl. EB μ_α	μ_δ	π .001	ϱ km/sec
161	+68°278	3^h $38^m.2$	+ 68°21'	$9^m.1$	K0	6.7	+ 0.075	+ 0.290	33	− 5
162	δ Eri	38.5	− 10 6	3.6	K0	3.8	− 0.092	+ 0.744	110	− 6
163	Schn 78	40.1	+ 41 9	8.2	G5	6.3	+ 0.603	− 1.234	42	+ 52
164	τ^6 Eri	42.5	− 23 33	4.3	F8	3.0	− 0.157	− 0.524	56	+ 6
165	β Ret	43.0	− 65 7	3.8	K0	2.0	+ 0.305	+ 0.078	43	+ 51
166	Schn 80	44.4	+ 1 4	8.6	G5	6.6	+ 0.224	− 0.651	40	− 16
167	+ 60°762	46.4	+ 60 53	7.8	K0	6.2	+ 0.419	− 0.235	48	+ 48
168	Ross 23	49.1	+ 53 17	10.5	M1	9.1	+ 0.555	− 0.390	54	− 5
169	− 7°699	49.7	− 7 8	8.3	M0	8.6	0.000	+ 0.540	102	+ 53
170	− 23°1619	49.7	− 23 26	6.8	G0	4.5	+ 0.321	− 0.315	35	+100
171	− 1°565 A	52.4	− 1 27	8.6	K5	8.6	− 0.181	− 0.157	101	+ 7
172	Wolf 1322	53.8	+ 25 49	12.2	M4	12.1	+ 0.799	− 0.056	95	+ 94
173	Br St 1233	54.2	+ 10 3	6.4	F2	3.8	+ 0.172	+ 0.008	30	+ 40
174	Schn 82	56.4	+ 35 2	8.6	G5	7.0	+ 1.749	− 1.350	47	− 30
175	Br St 1249	57.5	− 0 32	5.4	F5	4.0	+ 0.150	− 0.247	54	+ 17
176	39 Tau	59.4	+ 21 44	6.0	G5	5.2	+ 0.172	− 0.135	69	+ 25
177	Schl 1253	59.9	+ 32 42	9.2	K4	6.9	+ 0.665	− 0.852	35	+112
178	γ Tau	4^h 0.8	+ 28 44	5.3	F0	2.8	− 0.084	+ 0.006	31	+ 9
179	Br St 1275	1.5	− 27 56	5.6	A5	3.6	+ 0.198	+ 0.103	40	+ 61
180	50 Per	2.0	+ 37 47	5.6	F8	3.9	+ 0.168	− 0.200	46	+ 24
181	Schl 1266	2.2	− 21 6	9.7	M0	8.5	+ 0.113	− 0.783	64	+ 28
182	45 Tau	6.0	+ 5 16	5.7	F0	3.2	+ 0.149	+ 0.011	32	+ 36
183	o′ Eri	7.0	− 7 6	4.1	F2	1.6	+ 0.009	+ 0.087	31	+ 14
184	40 Eri A	10.7	− 7 49	4.5	K1	6.0	− 2.225	− 3.418	202	− 42
185	ω Tau	11.4	+ 20 20	4.8	A3	2.3	− 0.041	− 0.059	31	+ 14
186	γ Dor	13.4	− 51 44	4.4	F5	3.6	+ 0.101	+ 0.186	69	+ 27
187	ε Ret	14.8	− 59 33	4.4	K2	2.4	− 0.055	− 0.165	41	+ 29
188	56 Per	18.1	+ 33 44	5.8	F5	3.6	+ 0.047	− 0.073	36	− 32
189	ν Tau	20.3	+ 22 35	4.4	A5	2.1	− 0.108	− 0.047	35	+ 33
190	+ 21°652	23.1	+ 21 41	9.0	M1	8.5	− 0.048	+ 0.222	78	− 36
191	Br St 1427	24.8	+ 15 59	4.8	A5	3.4	+ 0.109	− 0.028	52	+ 36
192	Schn 91	27.9	+ 55 13	8.6	K4	6.2	+ 0.566	− 0.276	33	+ 50
193	α Tau	30.2	+ 16 18	1.1	K5	−0.4	+ 0.069	− 0.190	51	+ 54
194	53 Eri	33.6	− 14 30	4.0	K0	1.5	− 0.073	− 0.158	32	+ 42
195	+ 18°683	37.0	+ 18 47	9.8	M2	9.9	+ 0.643	− 1.070	104	+ 33
196	α Cae	37.3	− 42 3	4.5	F2	2.7	− 0.149	− 0.080	45	− 1
197	β Cae	38.5	− 37 20	5.1	F5	3.7	+ 0.033	+ 0.194	54	+ 31
198	Schn 97	42.8	+ 18 33	6.8	G5	4.3	+ 0.190	− 0.400	32	+ 54
199	58 Eri	43.1	− 17 7	5.6	G0	4.6	+ 0.133	+ 0.174	63	+ 17
200	Br St 1536	43.7	− 5 50	6.0	G0	3.9	+ 0.306	− 0.239	39	+ 78

1026 Fixsternen mit Parallaxen > 0ʺ030

	4			5				6
lfd. Nr.	180°−i	v	e .001	Sonne = 1 a	q	q'	U	V km/sec	Bemerkungen

lfd. Nr.	180°−i	v	e.001	a	q	q'	U	V	Bemerkungen
161	7.°7	312°	112	1.09	0.98	1.20	1.14	278	4,Corm 804
162	2.3	16	219	1.27	0.99	1.55	1.43	295	1,Kuip 37,Br St 1136
163	28.3	160	625	0.68	0.25	1.10	0.56	195	2,Schl 1124,vD
164	4.6	221	182	0.89	0.73	1.05	0.84	251	3,Br St 1173
165	5.0	174	374	0.73	0.46	1.00	0.62	212	3,Br St 1175, ℽ₀
166	2.3	194	464	0.70	0.38	1.02	0.59	202	2,Corm 805
167	2.9	108	242	0.98	0.74	1.22	0.97	266	4,Corm 807
168	1.6	169	370	0.74	0.46	1.01	0.63	214	4,20 C 271
169	5.7	78	203	1.09	0.87	1.31	1.14	278	1,20 C 270
170	20.5	284	274	1.15	0.84	1.47	1.24	285	2,Schl 1213
171	2.8	243	9	1.00	0.99	1.01	0.99	268	1,Kuip 38,vD
172	1.4	105	368	1.04	0.66	1.43	1.07	274	1,Kuip 40
173	1.7	147	237	0.85	0.65	1.05	0.78	243	3,Schl 1227
174	29.6	178	952	0.52	0.02	1.01	0.37	68	2,Schl 1235
175	2.4	174	193	0.84	0.68	1.00	0.77	241	3,Schl 1240
176	1.6	134	127	0.93	0.81	1.04	0.89	257	3,Br St 1262
177	16.4	155	712	0.71	0.20	1.22	0.60	208	2,20 C 279
178	2.3	9	91	1.10	1.00	1.20	1.15	280	3,Br St 1269
179	5.7	146	292	0.83	0.59	1.07	0.75	239	3,Schl 1261
180	1.6	141	170	0.89	0.74	1.04	0.85	251	3,Br St 1278,vD
181	6.9	192	356	0.75	0.48	1.01	0.65	218	4,20 C 280
182	0.5	136	186	0.90	0.73	1.07	0.85	253	3,Br St 1292
183	0.4	63	81	1.04	0.96	1.13	1.07	273	3,Br St 1298
184	8.5	264	345	1.09	0.72	1.47	1.14	280	1,Kuip 41,vD,83ʺ,3fach
185	2.8	96	36	1.00	0.96	1.03	1.00	267	3,Br St 1329
186	3.1	156	150	0.88	0.75	1.01	0.83	249	3,Br St 1338
187	4.3	208	155	0.88	0.75	1.02	0.83	249	3,Br St 1355, ℽ₀
188	1.1	221	157	0.90	0.76	1.05	0.86	253	3,Br St 1379,vD,5ʺ
189	0.7	126	151	0.93	0.79	1.07	0.90	258	3,Br St 1392, ℽ₀,2 Spektren
190	2.1	292	143	1.08	0.93	1.23	1.12	277	4,——
191	4.2	117	144	0.96	0.82	1.10	0.93	261	3,Corm 818, ℽ₀
192	10.6	145	414	0.80	0.47	1.13	0.71	231	2,Corm 819
193	5.3	131	220	0.90	0.70	1.10	0.85	253	3,Br St 1457,Aldebaran,Begl 13^m 1?3
194	8.3	171	177	0.85	0.70	1.00	0.78	242	3,Br St 1481, ℽ₀,vD
195	3.8	168	390	0.73	0.45	1.01	0.61	212	1,Kuip 45
196	2.3	323	77	1.07	0.99	1.15	1.10	276	3,Br St 1502,Begl 13^m in 6ʺ, ℽ₀
197	3.6	141	148	0.91	0.77	1.04	0.86	254	3,Br St 1503
198	7.4	164	444	0.72	0.40	1.03	0.60	207	2,Schl 1494
199	0.7	121	93	0.96	0.87	1.05	0.94	263	3,Br St 1532
200	6.9	163	469	0.71	0.38	1.04	0.59	205	2,Schl 1501

+) in 31ʺ

Galaktozentrische Bahnelemente von

	1	2				3			
lfd. Nr.	Name	Ort 1900 α	δ	m	Sp	M	jährl. EB μ_α μ_δ	π .001	ϑ km/sec
201	59 Eri	$4^h 44.^m0$	$-16°30'$	$6.^m0$	F8	$3.^m5$	+ 0.004 + 0.039	33	+ 35
202	π^3 Ori	44.4	+ 6 47	3.3	F6	3.9	+ 0.468 + 0.018	128	+ 25
203	Schn 99	44.4	+ 45 41	7.1	G0	6.0	+ 0.377 - 0.566	60	+ 26
204	Br St 1594	52.7	+ 66 41	6.3	F8	3.8	+ 0.073 - 0.343	31	+ 16
205	63 Eri	55.1	- 10 25	5.7	K0	3.9	+ 0.027 - 0.133	44	- 13
206	H R 1614	55.9	- 5 52	6.4	K4	6.5	+ 0.557 - 1.089	107	+ 24
207	Schl 1577	56.5	+ 13 57	8.3	G8	6.7	+ 0.085 - 0.401	49	- 27
208	- 21°1051	58.2	- 21 24	8.3	M1	8.8	- 0.157 - 0.264	132	- 19
209	9 Aur	58.8	+ 51 28	5.0	F0	2.7	- 0.024 - 0.175	35	- 1
210	η' Pic	5^h 0.2	- 49 18	5.4	F5	3.9	- 0.052 + 0.023	50	+ 21
211	104 Tau	1.5	+ 18 31	5.0	G0	3.8	+ 0.540 + 0.017	57	+ 20
212	13 Ori	2.2	+ 9 21	6.3	G0	4.1	0.000 - 0.378	36	- 24
213	β Eri	2.9	- 5 13	2.9	A3	0.8	- 0.092 - 0.079	39	- 9
214	68 Eri	3.8	- 4 35	5.2	F5	3.3	+ 0.043 + 0.019	42	+ 10
215	ζ Dor	3.8	- 57 37	4.8	F8	4.4	- 0.037 + 0.109	83	- 2
216	Br St 1686	6.1	+ 79 7	5.2	F8	3.8	- 0.076 + 0.158	53	- 10
217	Wolf 232	7.0	+ 19 37	9.2	K3	6.9	+ 0.375 - 0.650	36	+ 7
218	- 45°1841	7.7	- 44 59	8.8	M0	10.8	+ 6.600 - 5.720	262	+242
219	μ Lep	8.4	- 16 19	3.3	A0	1.2	+ 0.042 - 0.026	38	+ 28
220	κ Lep	8.6	- 13 4	4.5	B8	2.0	- 0.015 - 0.008	32	+ 18
221	α Aur	9.3	+ 45 54	0.2	G0	-0.6	+ 0.083 - 0.427	71	+ 30
222	λ Aur	12.1	+ 40 1	4.8	G0	4.0	+ 0.528 - 0.659	68	+ 67
223	Schn 106	14.1	- 3 11	8.6	K0	7.6	+ 0.705 + 0.149	64	+ 85
224	H R 1747	14.4	- 18 14	5.9	G0	4.9	+ 0.382 + 0.062	63	+ 48
225	111 Tau	18.6	+ 17 17	5.1	G0	4.1	+ 0.249 - 0.010	64	+ 37
226	Schn 109	23.5	- 3 34	8.6	K0	7.5	- 0.292 - 0.788	59	- 58
227	- 3°1123	26.4	- 3 42	8.1	M1	9.2	+ 0.763 - 2.110	166	+ 11
228	Ross 42	26.7	+ 9 45	11.4	M6	13.4	- 0.267 - 0.136	250	+ 17
229	Schn 111	30.4	+ 51 23	7.9	K0	5.9	- 0.549 + 0.110	40	- 44
230	ψ^2 Ori	31.4	+ 9 14	4.4	K0	2.5	+ 0.093 - 0.305	41	+ 99
231	H R 1925 A	33.2	+ 53 26	6.3	K2	6.2	+ 0.010 - 0.521	97	+ 1
232	ν^2 Col	33.8	- 28 45	5.3	F2	3.0	- 0.038 + 0.050	35	+ 36
233	Ross 47	36.4	+ 12 29	11.7	M5	12.8	+ 2.035 - 1.535	166	+103
234	+ 2°1041	37.5	+ 2 39	8.5	K0	7.0	- 0.180 - 0.510	51	+ 55
235	+ 37°1312	39.2	+ 37 15	7.3	K0	6.8	+ 0.500 - 0.504	78	- 31
236	γ Lep A	40.3	- 22 29	3.8	F6	4.4	- 0.305 - 0.355	122	- 10
237	ζ Lep	42.4	- 14 52	3.7	A2	1.6	- 0.016 - 0.004	38	+ 20
238	β Pic	44.9	- 51 6	3.9	A3	2.7	+ 0.002 + 0.083	58	+ 28
239	τ Men	45.1	- 80 34	5.7	G5	3.8	+ 0.286 + 1.062	42	+ 12
240	δ Lep	47.0	- 20 53	3.9	K0	3.1	+ 0.231 - 0.645	70	+100

1026 Fixsternen mit Parallaxen > 0."030

	4			5				6
lfd. Nr.	180°-i	v	e .001	Sonne = 1			V km/sec	Bemerkungen
				a	q	q'	U	

lfd. Nr.	180°-i	v	e .001	a	q	q'	U	V	Bemerkungen
201	3.°6	137°	145	0.91	0.78	1.04	0.87	255	3,Br St 1538
202	0.9	141	138	0.91	0.78	1.04	0.87	255	1,Kuip 46,Br St 1543
203	1.3	155	310	0.80	0.55	1.04	0.71	230	2,Schl 1507
204	3.8	142	244	0.86	0.65	1.07	0.80	244	3,Schl 1556
205	0.8	240	80	0.97	0.89	1.05	0.95	264	3,Br St 1608
206	2.7	183	381	0.72	0.45	1.00	0.61	211	1,Kuip 48,wahrsch. sD,BrSt 1614,q_o
207	1.7	210	243	0.84	0.64	1.04	0.77	241	4,G C 6144
208	0.6	315	106	1.09	0.97	1.20	1.14	279	1,——
209	3.6	167	106	0.91	0.81	1.00	0.86	254	3,BrSt 1637,Begl 10^{m}90 u.13^{m}6"
210	3.6	169	82	0.92	0.85	1.00	0.89	256	3,Br St 1649
211	7.8	155	193	0.86	0.69	1.02	0.79	245	3,Br St 1656,vD
212	4.4	211	257	0.84	0.62	1.05	0.76	239	3,Br St 1662
213	1.9	303	60	1.04	0.97	1.10	1.05	272	3,Br St 1666, B
214	0.2	139	50	0.96	0.92	1.01	0.95	263	3,Br St 1673
215	0.2	35	37	1.04	1.01	1.08	1.07	272	3,Br St 1674
216	0.6	308	127	1.10	0.96	1.23	1.15	279	3,Schl 1621, B.
217	2.4	181	602	0.63	0.25	1.00	0.50	171	4,Schl 1627
218	106.2	181	965	0.51	0.02	1.00	0.36	59	1,Kuip 49,Kapteyns Stern,+)
219	2.2	158	156	0.88	0.74	1.01	0.82	249	3,Br St 1702
220	2.2	146	76	0.94	0.87	1.01	0.91	259	3,Br St 1705,Begl 7.^{m}5 in 2"
221	1.8	132	172	0.91	0.75	1.07	0.87	254	3,BrSt 1708,q_o,vD,2 Spektr.++)
222	2.1	143	386	0.81	0.50	1.13	0.73	234	2,Schn 105,Br St 1729
223	5.1	148	437	0.78	0.44	1.12	0.69	226	2,Kuip 1671,vD
224	0.0	158	306	0.79	0.55	1.03	0.70	229	3,Schl 1673
225	1.8	134	178	0.90	0.74	1.07	0.86	253	3,Br St 1780
226	6.3	266	312	1.08	0.74	1.42	1.12	278	2,Schl 1724
227	3.0	191	394	0.73	0.44	1.01	0.62	211	1,Kuip 51
228	2.0	118	63	0.97	0.91	1.03	0.95	265	1,Kuip 52,sD
229	7.8	325	337	1.44	0.96	1.92	1.73	305	2,Schl 1774
230	8.5	151	458	0.76	0.41	1.11	0.66	220	2,Schn 112,Br St 1907
231	2.8	160	149	0.88	0.75	1.01	0.82	249	1,Kuip 53,Begl 9.^{m}4,97",BrSt1925
232	5.1	150	167	0.88	0.73	1.03	0.83	249	3,Br St 1935, q_o
233	4.6	161	609	0.67	0.26	1.08	0.55	193	1,Kuip 55
234	5.4	170	432	0.71	0.40	1.01	0.59	204	4,Corm 859
235	2.0	197	312	0.78	0.54	1.02	0.68	226	4,Corm 860
236	2.3	304	78	1.05	0.97	1.13	1.08	275	1,kuip 57,Begl 6.^{m}4,95",B.,q_o
237	2.0	148	94	0.93	0.84	1.02	0.90	257	3,Br St 1998, q_o
238	3.0	167	160	0.87	0.73	1.01	0.81	246	3,Br St 2020
239	2.1	151	548	0.74	0.33	1.15	0.64	216	2,Schn 114,Br St 2022
240	12.3	174	587	0.64	0.26	1.01	0.51	174	2,Schn 116,Br St 2035

+) nächster Unterzwerg ++) Capella

Galaktozentrische Bahnelemente von

lfd. Nr.	Name	Ort 1900 α	δ	m	Sp	M	jährl. EB μ_α	μ_δ	π .001	ϱ km/sec
241	χ^1 Ori	5^h $48^m.5$	+ 20°15'	$4^m.5$	G0	$4^m.6$	− 0".185	− 0".087	104	− 14
242	AC 82°.1111	49.1	+ 82 8	10.1	M2	10.3	+ 0.113	+ 1.295	108	− 21
243	Br St 2067	50.3	+ 13 56	6.5	G5	5.4	+ 0.389	− 0.468	60	− 2
244	η Lep	51.9	− 14 11	3.8	F0	2.8	− 0.041	+ 0.138	63	− 2
245	β Aur	52.2	+ 44 56	var	A0	var	− 0.051	− 0.004	39	− 18
246	Schn 119	53.4	− 63 8	4.5	K0	1.4	+ 0.135	+ 0.540	24	+ 25
247	− 3°.1256	55.1	− 3 5	4.7	K0	2.2	+ 0.009	− 0.070	31	+ 26
248	Schn 121	57.3	+ 19 23	9.0	F9	6.5	+ 0.556	− 0.747	31	−191
249	Br St 2141	59.5	+ 35 24	6.1	G0	4.3	− 0.126	− 0.306	45	− 12
250	Ross 79	6^h 5.4	+ 10 21	10.1	M3	10.6	+ 0.097	− 0.925	130	+ 52
251	− 21°.1377	6.4	− 21 49	8.2	M2	9.5	− 0.137	− 0.708	183	0
252	Schn 124	6.6	+ 6 49	7.1	G0	5.1	+ 0.183	− 0.205	40	− 54
253	71 Ori	9.0	+ 19 11	5.2	F5	3.2	− 0.094	− 0.191	40	+ 36
254	Schn 127	10.5	− 0 28	5.7	F5	2.8	− 0.162	− 0.222	26	− 36
255	74 Ori	10.8	+ 12 18	5.1	F5	3.3	+ 0.082	+ 0.188	43	+ 9
256	2 Lyn	10.8	+ 59 3	4.4	A0	1.8	− 0.005	+ 0.022	31	− 2
257	Br St 2251	12.0	+ 5 8	5.8	G0	4.1	− 0.217	+ 0.158	47	+ 13
258	α Men	13.2	− 74 43	5.1	G9	5.3	+ 0.122	− 0.218	118	+ 35
259	Schn 132	22.9	+ 27 5	8.3	K5	6.6	− 0.230	− 0.444	46	− 47
260	Ross 614	24.3	− 2 44	11.3	M6	13.4	+ 0.714	− 0.714	260	+ 24
261	Br St 2365	25.3	+ 73 46	6.2	F2	4.0	− 0.145	− 0.026	37	+ 6
262	Br St 2401	29.2	+ 79 40	5.6	F8	3.8	− 0.084	− 0.610	43	+ 12
263	+ 17°.1320	31.5	+ 17 38	9.5	M0	9.5	− 0.793	+ 0.336	100	− 59
264	γ^2 C Ma	32.3	− 19 10	4.1	K0	2.0	+ 0.064	− 0.076	39	+ 2
265	+ 24°.1357	35.1	− 24 3	8.0	K2	7.5	+ 0.192	− 0.281	81	− 45
266	γ^5 Aur	39.5	+ 43 41	5.3	G0	4.3	+ 0.002	+ 0.160	64	− 24
267	ξ Gem	39.7	+ 13 0	3.4	F5	1.8	− 0.111	− 0.195	49	+ 26
268	α C Ma A	40.7	− 16 35	−1.5	A1	1.4	− 0.537	− 1.210	376	− 8
269	Br St 2530	45.7	− 0 25	5.8	F2	3.3	+ 0.030	− 0.185	32	− 17
270	Br St 2548	47.1	− 46 30	5.0	F2	3.3	− 0.012	+ 0.369	47	+ 19
271	− 5°.1844	47.4	− 5 3	6.6	K3	6.5	− 0.583	− 0.014	95	− 10
272	Wolf 294	48.4	+ 33 24	9.9	M3	10.9	− 0.745	− 0.430	161	+ 41
273	38 Gem	49.0	+ 13 18	4.7	F0	2.6	+ 0.079	− 0.086	39	+ 19
274	37 Gem	49.2	+ 25 30	5.8	G0	4.4	− 0.038	+ 0.019	52	− 12
275	+ 12°.1343	49.4	+ 12 18	10.4	M1	9.6	− 0.030	− 0.340	68	+ 30
276	Schn 138	49.5	+ 40 13	8.3	M0	6.3	+ 0.126	− 0.411	31	+ 49
277	Schn 139	49.6	− 28 24	6.0	G0	4.1	+ 0.274	− 0.440	42	+ 72
278	Schn 140	51.4	+ 1 18	7.7	G5	5 5	0.000	− 0.570	36	− 13
279	Schn 142	54.0	+ 48 32	8.2	K0	5.6	+ 0.553	− 0.429	30	− 23
280	Br St 2643	57.1	+ 29 30	6.0	F8	4.8	+ 0.161	− 0.828	60	+ 21

1026 Fixsternen mit Parallaxen > 0"030

lfd. Nr.	180° −i	v	e ,001	a	Sonne=1 q	q'	U	V km/sec	Bemerkungen
241	1°9	58°	62	1.04	0.98	1.10	1.06	273	1,Kuip 59,Br St 2047,B.
242	1.8	59	263	1.22	0.90	1.54	1.34	291	1,Kuip 60
243	2.3	189	302	0.77	0.54	1.00	0.68	224	3,Schl 1880
244	0.2	17	83	1.09	1.00	1.18	1.13	278	3,Br St 2085
245	1.9	276	60	1.01	0.95	1.07	1.01	269	3,BrSt 2088, $\varphi_\circ$,2 Spektr.,B.
246	4.1	134	436	0.86	0.48	1.24	0.80	245	2,Br St 2102
247	2.0	161	161	0.87	0.73	1.01	0.81	247	3,Corm 867,Br St 2113
248	6.6	223	782	1.10	0.24	1.96	1.15	280	2,Schl 1914
249	6.7	190	152	0.87	0.74	1.00	0.81	247	3,Schl 1922
250	3.9	161	345	0.76	0.50	1.03	0.66	224	1,Kuip 61
251	2.2	225	73	0.95	0.88	1.02	0.93	262	1,Kuip 62
252	2.8	263	234	1.03	0.79	1.27	1.04	272	2,Schl 1956
253	4.7	146	195	0.87	0.70	1.04	0.81	248	3,Br St 2220
254	8.4	283	184	1.08	0.88	1.28	1.12	278	2,Br St 2233, B.
255	3.7	32	101	1.10	0.99	1.21	1.15	279	3,Br St 2241
256	0.0	329	23	1.03	1.00	1.05	1.04	271	3,Br St 2238, B.
257	2.6	35	163	1.17	0.98	1.36	1.26	286	3,Schl 1994
258	2.8	198	202	0.84	0.67	1.01	0.77	241	1,Kuip 63,Br St 2261
259	11.2	226	213	0.89	0.70	1.08	0.84	251	2,Corm 881
260	0.9	171	192	0.84	0.68	1.00	0.77	241	1,Kuip 66,hat n.Keuyl dunkl.Begl
261	2.9	30	84	1.08	0.99	1.17	1.12	277	3,Schl 2067
262	2.9	141	294	0.84	0.59	1.09	0.77	241	3,Schl 2089
263	5.8	334	457	1.78	0.97	2.60	2.39	320	1,Kuip 67
264	0.7	206	68	0.94	0.88	1.01	0.92	259	3.Br St 2429
265	0.9	250	185	0.97	0.79	1.15	0.95	264	4,Corm 892
266	0.6	304	120	1.08	0.95	1.21	1.12	278	3,Br St 2483, B.
267	3.5	154	164	0.88	0.73	1.02	0.82	248	3,Br St 2484
268	2.6	78	57	1.01	0.96	1.07	1.02	270	1,Kuip 68,SiriusA, $\varphi_\circ$,vD,B.
269	1.7	270	0	1.00	1.00	1.00	1.00	268	3,Schl 2168,Begl 12^{m}in 6"
270	1.4	126	171	0.92	0.77	1.08	0.89	257	3,Schl 2175
271	5.2	0	141	1.16	1.00	1.33	1.25	286	1,Kuip 70
272	3.4	109	173	0.97	0.80	1.14	0.96	264	1,Kuip 71
273	1.6	164	137	0.88	−0.76	1.00	0.83	250	3,Br St 2564,vD
274	1.0	325	62	1.06	0.99	1.13	1.09	275	3,Br St 2569, B.
275	1.9	163	224	0.83	0.64	1.01	0.75	238	4,——
276	3.6	162	442	0.72	0.40	1.04	0.61	209	2,Schl 2188
277	2.8	185	554	0.65	0.29	1.00	0.52	179	2,Br St 2576
278	9.0	206	339	0.78	0.52	1.05	0.69	228	2,Schl 2197
279	21.8	188	525	0.66	0.32	1.01	0.54	188	2,Schl 2209
280	2.6	176	432	0.70	0.40	1.00	0.59	202	3,Schl 2222

Galaktozentrische Bahnelemente von

	1	2				3		
lfd. Nr.	Name	Ort 1900 α δ		m	Sp	M	jährl. EB μ_α μ_δ	π .001	ϑ km/sec
281	Ross 986	7^h 3.3	+ 38°43'	12.0	K5	12.5	- 0.526 - 0.990	130	+ 52
282	+ 59°1056	3.6	+ 59 26	10.2	K5	7.7	+ 0.186 - 0.290	32	- 58
283	Schn 144	7.8	+ 25 11	7.8	K0	5.4	- 0.433 - 0.123	33	- 51
284	Br St 2719	8.1	- 48 46	5.1	K2	3.8	- 0.027 + 0.202	56	+ 64
285	Schn 145	8.4	+ 47 25	5.6	G0	3.6	+ 0.034 - 0.187	40	+ 88
286	Br St 2740	9.7	- 46 36	4.5	F0	2.6	- 0.139 + 0.102	43	- 1
287	Schn 147	11.3	- 12 53	7.7	G5	5.7	- 0.486 + 0.153	40	+ 57
288	λ Gem	12.3	+ 16 43	3.6	A2	1.8	- 0.043 - 0.043	43	- 12
289	+ 33°1505	13.0	+ 33 2	9.9	M1	8.6	+ 0.402 - 0.389	55	- 61
290	δ Gem	14.1	+ 22 10	3.5	F0	2.2	- 0.019 - 0.015	56	+ 2
291	R C Mu	14.9	- 16 12	5.8	F0	3.7	+ 0.158 - 0.132	39	- 40
292	Br St 2835	20.9	+ 21 44	6.4	F5	4.1	- 0.311 - 0.025	35	+ 51
293	63 Gem	21.8	+ 21 39	5.3	F5	2.7	- 0.053 - 0.125	30	+ 25
294	+ 5°1668	22.0	+ 5 32	10.0	M4	12.1	+ 0.587 - 3.700	262	+ 22
295	22 Lyn	22.3	+ 49 53	5.4	F5	3.7	+ 0.116 - 0.085	46	- 27
296	ζ Gem	22.7	+ 31 59	4.2	F0	2.8	+ 0.154 + 0.172	53	- 6
297	6 C Mi	24.2	+ 12 13	4.8	K0	2.4	0.000 - 0.019	33	- 15
298	Br St 2866	24.6	- 7 21	6.0	F8	3.4	+ 0.063 + 0.130	30	+ 9
299	+ 36°1638	25.4	+ 36 26	10.8	M4	11.4	- 0.285 - 0.294	130	+ 1
300	α Gem	28.2	+ 32 6	2.0	A0	1.2	- 0.165 - 0.110	70	+ 6
301	Br St 2906	29.8	- 22 5	4.5	F8	3.0	- 0.043 + 0.041	50	+ 61
302	α C Mi A	34.1	+ 5 29	0.5	F4	2.8	- 0.706 - 1.032	291	- 3
303	β Gem	39.2	+ 28 16	1.3	G8	1.3	- 0.623 - 0.052	100	+ 3
304	Ross 882	39.4	+ 3 48	11.6	M4	13.4	- 0.394 - 0.504	230	+ 18
305	Br St 2997	39.8	+ 80 31	6.5	G5	4.9	- 0.474 + 0.076	49	- 8
306	Br St 2998	39.9	- 44 55	5.2	G5	3.9	- 0.072 - 0.563	53	+ 22
307	+ 54°1175	40.8	+ 53 54	8.6	K0	6.3	- 0.135 - 0.543	35	+ 2
308	Schn 155	41.9	- 33 59	5.4	F8	4.4	- 0.293 + 1.663	63	+102
309	Br St 3028	43.2	+ 54 23	6.0	F5	3.5	- 0.038 + 0.046	32	- 3
310	9 Pup	47.1	- 13 38	5.3	G0	4.2	- 0.060 - 0.340	60	- 20
311	Schn 156	47.2	+ 30 55	8.2	G0	6.1	+ 0.731 - 1.820	38	-242
312	Br St 3079	48.5	- 34 27	5.0	F2	4.2	- 0.201 + 0.241	68	+ 28
313	Br St 3087	50.1	+ 9 8	5.8	F0	3.3	- 0.013 - 0.090	31	+ 21
314	Schn 159	53.7	+ 21 8	8.6	G5	6.1	+ 0.177 - 0.542	32	- 28
315	Schn 160	54.3	+ 29 31	6.9	G0	5.6	- 0.167 - 1.159	55	+ 14
316	Br St 3138	55.9	- 60 2	5.7	F8	4.3	+ 0.515 + 0.115	54	+ 13
317	+ 44°1710	57.4	+ 44 14	9.9	M0	7.3	+ 0.204 + 0.008	30	+ 27
318	+ 12°1759	58.8	+ 12 35	7.9	G5	5.4	+ 0.077 - 0.117	31	- 12
319	μ Cnc	8^h 1.9	+ 21 52	5.4	G0	3.1	+ 0.022 - 0.076	35	- 36
320	Schn 163	2.9	- 29 6	6.9	G0	4.9	+ 0.369 - 0.408	40	- 19

1026 Fixsternen mit Parallaxen > 0."030

lfd. Nr.	180°/-1	v	e/.001	a	Sonne = 1 q	q'	U	V km/sec	Bemerkungen
281	2.1	135°	278	0.87	0.63	1.11	0.81	247	1,Kuip 73,sD
282	2.2	195	435	0.71	0.40	1.02	0.60	208	4,——
283	15.2	331	232	1.27	0.98	1.57	1.43	295	2,Corm 908
284	3.6	170	396	0.72	0.44	1.01	0.62	210	3,——
285	7.5	99	319	1.06	0.72	1.40	1.09	273	2,Br St 2721
286	1.9	46	85	1.05	0.96	1.14	1.08	275	3,Schl 2281
287	9.3	111	264	0.97	0.71	1.23	0.96	264	2,Schl 2294
288	2.1	301	43	1.02	0.98	1.07	1.04	271	3,BrSt 2763,Begl $10^m 10"$, B.
289	0.2	225	326	0.86	0.58	1.15	0.80	246	4,Corm 909
290	0.2	90	0	1.00	1.00	1.00	1.00	268	3,Br St 2777,ϱ_o,vD
291	2.0	311	226	1.21	0.94	1.48	1.33	290	2,Schn 148,var,BrSt 2768, ϱ_o
292	4.7	101	230	1.01	0.78	1.24	1.02	269	3,Schl 2347
293	1.6	157	187	0.86	0.70	1.02	0.79	246	3,BrSt 2846,Begl 43",ϱ_o,2Spektr.
294	4.5	186	432	0.70	0.40	1.01	0.59	201	1,Kuip 74
295	0.7	219	147	0.90	0.77	1.04	0.86	254	3,Br St 2849
296	3.0	340	109	1.12	1.00	1.24	1.18	281	3,BrSt 2852,Begl 12^m in 3"
297	1.1	302	57	1.04	0.98	1.10	1.05	273	3,Br St 2864, B.
298	4.0	58	66	1.04	0.97	1.11	1.06	273	3,Schl 2377
299	2.6	157	56	0.95	0.90	1.00	0.93	261	1,Kuip 75,sD,Begl in 39"
300	1.6	139	50	0.98	0.93	1.02	0.96	263	3,BrSt 2891,Castor,7fach,ϱ_o,B.
301	0.3	163	344	0.76	0.50	1.02	0.66	222	3,Schl 2402
302	4.0	198	56	0.95	0.89	1.00	0.92	260	1,Kuip 77,vD,Procyon, ϱ_o
303	5.2	61	74	1.04	0.96	1.12	1.06	273	1,Kuip 80,BrSt 2990,Pollux
304	1.6	159	132	0.89	0.78	1.01	0.84	251	1,Kuip 81
305	9.2	23	118	1.12	0.99	1.26	1.19	282	3,Schl 2445
306	8.3	222	196	0.89	0.72	1.06	0.84	251	3,Schl 2446, B.
307	5.9	169	430	0.71	0.40	1.02	0.60	205	4,Corm 923
308	11.1	134	573	0.90	0.38	1.41	0.85	252	2,Br St 3018
309	1.2	353	61	1.06	1.00	1.13	1.10	276	3,Schl 2463
310	4.2	284	105	1.04	0.93	1.15	1.06	272	3,BrSt 3064,ϱ_o,vD,23 J, B.
311	18.6	200	955	1.14	0.05	2.23	1.22	284	2,Schl 2479
312	0.9	145	168	0.89	0.74	1.03	0.83	250	3,Schl 2487,vD
313	0.0	164	160	0.87	0.73	1.01	0.81	247	3,Schl 2496
314	4.3	200	461	0.72	0.39	1.05	0.61	209	2,Schl 2511
315	10.9	178	574	0.64	0.27	1.00	0.51	174	2,Schl 2514
316	9.2	203	139	0.89	0.77	1.01	0.84	250	3,Schl 2528,Begl 10^m in 50"
317	8.8	75	24	1.01	0.98	1.03	1.01	269	4,——
318	0.4	226	106	0.94	0.84	1.04	0.91	259	4,Corm 930,vD, 44 J
319	3.8	281	127	1.04	0.91	1.18	1.07	273	3,Br St 3176
320	1.9	265	248	1.05	0.79	1.31	1.07	274	2,Schl 2556

Galaktozentrische Bahnelemente von

lfd. Nr.	Name	Ort 1900 α	δ	m	Sp	M	jährl. EB μ_α	μ_δ	π .001	ϑ km/sec
321	γ Cnc	8^h $4^m.4$	+25°49'	$5^m.8$	G5	$3^m.3$	-0".065	-0".352	32	-43
322	Schn 164	5.5	+32 47	7.0	G0	5.1	-0.457	-0.665	42	+27
323	18 Pup	6.1	-13 30	5.6	G0	3.5	-0.243	+0.054	37	+38
324	Ross 619	6.5	+ 9 11	12.5	M6	13.4	+1.215	-5.260	154	-35
325	ζ Cnc	6.5	+17 57	6.3	G0	4.4	+0.069	-0.141	42	-6
326	Br St 3220	7.3	-61 0	4.8	F5	3.5	-0.161	-0.285	55	+25
327	Schn 166	8.8	+73 44	8.6	G5	6.2	-0.273	-0.488	33	-4
328	Schn 167	12.0	+30 56	8.6	K5	6.9	-0.292	-0.820	46	+11
329	Schn 168	13.7	-12 18	6.0	G5	5.4	+0.269	-0.981	77	+30
330	χ Cnc	14.0	+27 32	5.2	F5	4.1	-0.015	-0.384	60	+32
331	Br St 3270	14.8	-36 21	4.4	A5	2.4	-0.110	+0.093	39	+5
332	+14°.1876	15.4	+14 23	10.5	M0	8.3	-0.075	-0.266	37	+15
333	Schn 169	16.3	+64 48	8.9	K0	6.5	0.000	-0.520	33	+18
334	+22°.1921	17.6	+22 11	9.5	M0	8.1	+0.345	-0.220	52	-17
335	Schn 171	18.9	+32 58	9.2	K2	7.1	0.000	-0.640	38	-78
336	1 Hya	19.6	- 3 26	5.7	F5	3.8	-0.211	-0.026	41	+72
337	Br St 3309	20.6	+45 59	6.3	G0	4.7	-0.024	-0.357	48	-34
338	α Cha	21.1	-76 36	4.1	F5	2.5	+0.106	+0.106	49	-14
339	32 Lyn	27.0	+36 47	6.1	F2	3.7	-0.141	-0.006	33	+1
340	Schl 2682	27.3	+67 38	9.2	M1	8.8	-1.090	0.000	89	+18
341	Schn 175	28.8	+42 6	8.6	G5	6.8	-0.222	-0.622	44	+58
342	Schn 176	29.0	-31 11	6.4	G5	6.0	-1.119	+0.757	81	+19
343	π^1 U Ma	30.3	+65 22	5.7	G0	4.6	-0.024	+0.085	59	-11
344	Br St 3395	30.5	+ 6 58	6.0	F5	4.1	-0.130	-0.147	41	+25
345	Br St 3421	33.7	-39 48	6.4	G1	5.2	-0.315	+0.029	58	0
346	34 Lyn	34.1	+46 11	5.5	K0	3.9	+0.029	+0.084	30	-36
347	Br St 3430	34.8	-22 19	5.1	G5	4.1	-0.237	+0.432	62	+43
348	—	37.6	-32 37	11.6	wA	12.7	-1.047	+1.324	107	+54
349	δ Vel	42.0	-54 21	2.0	A0	0.4	+0.017	-0.084	47	+2
350	Br St 3499	44.3	+33 40	6.2	F8	3.9	-0.064	-0.087	34	+5
351	54 Cnc	45.4	+15 43	6.3	G0	4.0	-0.113	+0.072	35	+45
352	Br St 3514	45.9	-39 57	5.4	A2	2.9	-0.015	-0.017	32	+17
353	Schn 180	46.0	+71 11	8.6	K2	8.4	-1.341	-0.362	93	+48
354	ϱ^1 Cnc	46.6	+28 43	6.1	K0	5.3	-0.481	-0.240	69	+28
355	Ross 623	50.0	+ 1 57	9.9	M1	9.0	+0.113	-1.083	66	+3
356	δ Pyx	51.2	-27 18	4.9	A2	2.4	+0.077	-0.106	32	+5
357	ι U Ma	52.4	+48 26	3.1	A5	2.2	-0.442	-0.243	66	+13
358	Wolf 324	52.8	+20 56	8.9	K5	7.8	+0.662	-0.153	60	-46
359	α Cnc	53.0	+12 15	4.3	A3	1.9	+0.035	-0.037	33	-14
360	Schn 183	54.0	-15 45	5.9	G0	3.1	+0.239	+0.216	28	+122

1026 Fixsternen mit Parallaxen > 0."030

	4			5					6
lfd. Nr.	180° −i	v	e .001	a	Sonne = 1 q	q'	U	V km/sec	Bemerkungen
321	10°.5	210°	256	0.83	0.62	1.05	0.76	239	3,Br St 3191
322	12.5	163	442	0.72	0.40	1.04	0.61	207	2,Schl 2568
323	3.3	137	215	0.88	0.69	1.07	0.83	249	3,Br St 3202
324	17.0	200	701	0.67	0.20	1.14	0.54	190	1,Kuip 83
325	0.5	207	105	0.91	0.82	1.01	0.87	255	3,BrSt 3209,vD(4fach),B.
326	6.8	210	120	0.91	0.80	1.02	0.86	254	3,Schl 2581
327	6.2	156	394	0.76	0.46	1.06	0.66	221	2,Corm 936
328	10.9	175	494	0.68	0.35	1.02	0.56	194	2,Schl 2608
329	2.7	166	403	0.73	0.43	1.02	0.62	212	2,Br St 3259
330	2.2	164	259	0.80	0.60	1.01	0.72	233	3,Br St 3262
331	0.8	90	0	1.00	1.00	1.00	1.00	268	3,Schl 2618
332	3.2	176	238	0.81	0.62	1.00	0.73	233	4,——
333	5.5	164	418	0.72	0.42	1.02	0.61	210	2,Schl 2621
334	2.5	231	164	0.92	0.77	1.07	0.89	256	4,18 C 986
335	15.7	209	423	0.77	0.44	1.09	0.67	223	2,Corm 939
336	1.1	154	382	0.77	0.48	1.06	0.67	223	2,Br St 3297, ♀
337	5.7	196	253	0.81	0.60	1.01	0.73	234	3,Schl 2643
338	3.7	23	68	1.07	0.99	1.14	1.10	275	3,Br St 3318
339	3.2	85	46	1.01	0.96	1.05	1.01	269	3,Br St 3365
340	7.4	61	214	1.16	0.91	1.40	1.24	287	4,20 C 475
341	3.4	157	455	0.73	0.40	1.07	0.63	213	2,Corm 943
342	4.9	89	288	1.10	0.78	1.41	1.15	279	2,Br St 3384
343	1.9	308	45	1.03	0.98	1.08	1.04	272	3,Br St 3391, B.
344	1.9	162	198	0.84	0.68	1.01	0.78	243	3,Schl 2692,Begl 7ᵐ.2in 10", ♀
345	4.0	71	74	1.03	0.96	1.11	1.05	272	3,Schl 2719
346	3.9	297	195	1.13	0.91	1.35	1.21	282	3,Br St 3422
347	3.3	133	224	0.88	0.68	1.08	0.83	250	3,Schl 2736,vD, ♀
348	2.0	132	363	0.87	0.56	1.19	0.81	248	1,aus M N 107. 379,+)
349	0.8	270	0	1.00	1.00	1.00	1.00	268	3,Br St 3485,vD,mehrf.,B.
350	2.0	192	587	0.65	0.27	1.03	0.52	181	3,Schl 2797
351	3.8	117	177	0.95	0.78	1.12	0.93	260	3,Br St 3510
352	4.1	177	124	0.89	0.78	1.00	0.84	252	3,——
353	3.9	76	332	1.21	0.81	1.61	1.33	289	2,Schl 2805,vD
354	2.9	138	204	0.88	0.70	1.07	0.83	249	3,Br St 3522,Begl 13ᵐin 85"
355	7.1	197	410	0.73	0.43	1.03	0.63	213	4,Schl 2825
356	0.0	222	92	0.94	0.85	1.02	0.91	259	3,Br St 3556
357	3.2	131	153	0.92	0.78	1.06	0.89	256	3,Br St 3569,vD,mehrfach
358	15.1	189	152	0.87	0.74	1.00	0.81	248	4,Schl 2842
359	1.3	300	61	1.03	0.97	1.10	1.05	272	3,Br St 3572,vD,B.
360	27.3	164	431	0.72	0.41	1.03	0.61	209	2,Br St 2578

+) weisser Zwerg

Galaktozentrische Bahnelemente von

lfd. Nr.	Name	Ort 1900 α	δ	m	Sp	M	jährl. EB μ_α	μ_δ	π ''.001	ϱ km/sec
361	Br St 3579	8^h 54.1	+ 42°11	4.1	F5	3.4	- 0.436	-0.255	72	+ 27
362	Br St 3598	57.0	- 58 42	5.2	F0	3.7	- 0.177	+0.273	51	+ 11
363	α Vol	9^h 0.9	- 66 0	4.2	A5	2.5	- 0.002	-0.104	47	+ 8
364	σ^2 U Ma	1.6	+ 67 32	4.9	F8	3.4	+ 0.023	-0.079	50	- 2
365	15 U Ma	1.8	+ 52 0	4.5	A3	2.1	- 0.134	-0.042	33	- 1
366	75 Cnc	2.9	+ 27 3	6.0	G5	4.2	- 0.124	-0.374	43	+ 12
367	Schn 189	3.8	- 14 44	7.3	G0	5.6	- 0.515	-0.207	46	+ 60
368	16 U Ma	6.4	+ 61 50	5.2	F8	3.5	+ 0.002	-0.035	44	- 14
369	81 Cnc	6.8	+ 15 24	6.4	G5	5.2	- 0.521	+0.240	56	+ 45
370	+ 53°1320	7.6	+ 53 7	7.9	K7	8.9	- 1.544	-0.667	162	+ 10
371	38 Lyn	12.6	+ 37 14	3.8	A2	1.2	- 0.030	-0.129	30	+ 2
372	Br St 3697	13.8	+ 51 41	6.1	F2	3.7	- 0.035	+0.143	33	- 8
373	Br St 3750	22.8	- 5 38	5.4	G0	4.2	- 0.225	-0.078	57	+ 54
374	23 U Ma	23.6	+ 63 30	3.8	F0	1.6	+ 0.110	+0.024	38	- 9
375	τ^1 Hya	24.1	- 2 20	4.8	F5	4.0	- 0.127	-0.017	71	+ 10
376	24 U Ma	25.6	+ 70 16	4.6	G0	2.7	- 0.061	+0.074	42	- 27
377	+ 36°1970	25.8	+ 36 46	10.2	M2	9.2	- 0.224	-0.503	62	+ 21
378	θ U Ma	26.2	+ 52 8	3.3	F8	2.1	- 0.946	-0.542	58	+ 15
379	- 12°2918	26.5	- 13 3	10.2	M2	11.3	+ 0.749	-0.026	170	+ 8
380	γ Vel	26.8	- 40 2	3.6	F5	2.7	- 0.192	+0.068	65	+ 12
381	11 L Mi A	29.7	+ 36 16	5.5	G8	5.4	- 0.705	-0.251	95	+ 13
382	Ross 85	35.8	+ 13 40	10.6	M2	10.2	- 0.768	-0.054	81	+ 20
383	Br St 3862	37.7	- 23 28	5.0	G0	4.4	- 0.400	+0.254	75	+ 34
384	θ Ant	39.8	- 27 19	5.0	F5	2.8	- 0.052	-0.032	37	+ 24
385	Br St 3881	42.1	+ 46 29	5.2	G0	4.3	+ 0.224	-0.100	65	+ 5
386	+ 14°2151	43.5	+ 14 14	8.1	F0	6.0	+ 0.343	-0.756	39	- 23
387	ν U Ma	43.9	+ 59 31	3.9	F0	1.6	- 0.292	-0.158	35	+ 30
388	22 Leo	46.2	+ 24 52	5.3	A2	2.7	+ 0.008	-0.184	30	- 2
389	Schn 199	46.2	- 11 49	9.8	Ma	9.3	+ 1.178	-1.428	79	+ 61
390	+ 63°869	48.7	+ 63 16	8.5	Ma	7.4	- 0.335	-0.605	62	+ 10
391	19 L Mi	51.6	+ 41 32	5.2	F5	3.4	- 0.117	-0.031	43	- 10
392	20 L Mi	55.3	+ 32 26	5.6	G5	4.2	- 0.522	-0.436	52	+ 55
393	Br St 3954	58.0	+ 54 23	5.7	F5	3.1	- 0.023	-0.012	30	- 16
394	+ 75°403	10^h 1.7	+ 75 37	9.3	K6	8.0	+ 0.246	-0.303	54	- 47
395	α Leo	3.0	+ 12 27	1.3	B8	-0.6	- 0.248	+0.001	42	+ 3
396	Br St 3992	5.2	- 35 22	6.3	G0	4.7	- 0.437	+0.001	41	+ 41
397	+ 50°1725	5.3	+ 49 58	6.5	K8	8.2	- 1.361	-0.504	220	- 27
398	Schn 204	7.5	+ 53 1	9.2	M0	7.4	+ 0.081	-0.735	45	- 26
399	Br St 4013	9.0	- 32 32	6.4	G0	4.9	- 0.364	+0.056	51	+ 41
400	Br St 4023	10.5	- 41 38	4.1	A2	1.6	- 0.152	+0.031	31	+ 8

1026 Fixsternen mit Parallaxen > 0".030

lfd. Nr.	4 180°−i	v	e .001	5 Sonne = 1 a	q	q'	U	V km/sec	6 Bemerkungen
361	0°.7	131°	181	0.91	0.75	1.08	0.87	254	3,Schl 2851,vD
362	0.9	138	148	0.91	0.77	1.04	0.87	254	3,Schl 2863
363	1.9	241	36	0.98	0.95	1.02	0.97	265	3,Br St 3615,ϱ₀, B.
364	0.7	185	44	0.96	0.92	1.00	0.94	262	3,Br St 3616,vD
365	3.0	128	62	0.97	0.91	1.03	0.95	262	3,Br St 3619
366	2.6	188	715	0.60	0.17	1.02	0.46	152	3,Br St 3626, ϱ₀
367	7.3	162	422	0.73	0.42	1.03	0.62	211	2,Corm 958
368	1.8	213	57	0.96	0.90	1.01	0.93	262	3,Br St 3648,ϱ₀, B.
369	0.7	97	244	1.03	0.78	1.28	1.05	272	3,Br St 3650
370	5.0	128	184	0.91	0.75	1.08	0.87	254	1,Kuip 88,vD,19"
371	0.7	176	134	0.88	0.76	1.00	0.83	250	3,Br St 3690,vD, ϱ₀
372	2.6	356	154	1.18	1.00	1.36	1.28	288	3,Schl 2941,vD
373	3.3	162	319	0.78	0.53	1.02	0.68	226	3,Schl 2973, ϱ₀
374	4.2	288	66	1.02	0.96	1.09	1.04	270	3,Br St 3757,vD, B.
375	2.4	195	50	0.96	0.92	1.01	0.95	263	3,Br St 3759,Begl 8ᵐ65",ϱ₀?
376	5.4	238	58	0.97	0.92	1.03	0.96	264	3,Br St 3771
377	1.0	166	291	0.78	0.55	1.01	0.69	227	4,Corm 965
378	8.1	147	387	0.80	0.49	1.10	0.71	232	2,Schn 194,vD,Br St 3775
379	3.5	239	58	0.97	0.92	1.03	0.96	264	1,Kuip 92
380	0.9	153	105	0.92	0.82	1.01	0.88	256	3,Br St 3786,vD, 35 J
381	3.0	137	167	0.90	0.75	1.05	0.86	253	1,Kuip 93,Br St 3815, vD
382	3.7	129	196	0.91	0.73	1.09	0.87	255	4,Schl 3040
383	1.9	148	222	0.86	0.67	1.04	0.79	243	5,Schl 3051
384	1.6	168	153	0.87	0.74	1.00	0.81	247	3,Br St 3871
385	3.2	242	43	0.98	0.94	1.02	0.97	265	3,Schl 3067
386	5.0	210	462	0.76	0.41	1.11	0.66	221	2,Schn 198, Corm 967
387	0.9	124	207	0.94	0.74	1.13	0.90	257	3,Br St 3888,Begl 12ᵐin 11"
388	1.2	191	190	0.84	0.68	1.00	0.78	243	3,Br St 3900
389	7.8	203	572	0.70	0.30	1.10	0.59	203	2,Schl 3085
390	2.3	163	313	0.78	0.53	1.02	0.69	227	4,Corm 971
391	3.1	162	35	0.97	0.94	1.00	0.95	264	3,Br St 3928, ϱ₀
392	4.6	155	403	0.76	0.45	1.07	0.66	220	2,Schn 201,Br St 3951
393	3.0	211	44	0.96	0.92	1.01	0.95	264	3,Schl 3130, B..
394	6.5	280	185	1.07	0.87	1.27	1.11	276	4,Schl. 3137
395	3.1	115	98	0.97	0.87	1.06	0.95	263	3,Br St 3982,vD,<u>Regulus</u>
396	3.9	160	352	0.76	0.49	1.03	0.67	222	3,Schl 3149
397	8.3	170	130	0.89	0.78	1.00	0.84	251	1,Kuip 97
398	2.1	189	487	0.68	0.35	1.01	0.56	194	2,Corm 976
399	4.3	163	308	0.78	0.54	1.02	0.69	227	3,Schl 3166
400	1.6	142	115	0.92	0.82	1.03	0.88	256	3,Schl 3169, ϱ₀

Galaktozentrische Bahnelemente von

1		2					3			
lfd. Nr.	Name	Ort 1900 α	δ	m	Sp	M	jährl. EB μ_α	μ_δ	π .″001	ϱ km/sec
401	24 LMi	10^h 10.8	+ 29°11	6.5	G0	4.0	- 0.054	- 0.095	31	+ 30
402	λ UMa	11.1	+ 43 25	3.5	A2	1.0	- 0.164	- 0.045	31	+ 19
403	39 Leo	11.8	+ 22 36	5.8	F5	4.5	- 0.408	- 0.106	54	+ 38
404	+ 20°2465	14.2	+ 20 22	9.5	M5	10.9	- 0.488	- 0.039	193	+ 9
405	40 Leo	14.3	+ 19 59	5.0	F5	3.5	- 0.233	- 0.221	50	+ 6
406	γ Leo	14.5	+ 20 21	2.3	K0	-1.2	+ 0.307	- 0.152	20	- 36
407	Schn 207	15.7	- 0 58	8.9	K0	7.1	- 0.661	- 0.162	43	+ 35
408	Br St 4067	16.2	+ 41 44	5.9	F5	4.5	- 0.122	- 0.144	52	- 7
409	μ UMa	16.4	+ 42 0	3.2	K5	0.7	- 0.082	+ 0.025	32	- 18
410	Br St 4084	18.9	+ 83 4	5.3	F2	3.3	- 0.082	+ 0.024	39	+ 7
411	30 LMi	20.2	+ 34 18	4.8	F0	2.5	- 0.068	- 0.069	35	+ 14
412	Schn 211	21.9	+ 49 19	6.5	G0	5.2	+ 0.081	- 0.892	56	- 7
413	+ 1°2447	23.9	+ 1 21	9.6	M2	10.2	- 0.616	- 0.761	130	- 3
414	36 UMa	24.2	+ 56 30	4.8	F5	4.3	- 0.178	- 0.037	81	+ 9
415	Schn 213	25.5	+ 46 3	8.8	M0	7.2	- 0.604	- 0.584	48	+ 25
416	Br St 4134	27.5	- 53 12	5.1	G0	2.6	- 0.422	+ 0.197	31	+ 20
417	L 1113 - 55	30.9	+ 5 38	12.2	M6	13.4	- 0.670	+ 0.118	170	+ 21
418	Schn 214	31.6	- 11 42	5.8	F8	4.0	+ 0.254	- 0.676	42	- 9
419	Br St 4164	32.6	- 59 3	5.3	K0	2.9	- 0.055	- 0.063	34	- 12
420	Br St 4167	33.1	- 47 42	4.1	F2	1.6	- 0.152	- 0.026	31	+ 19
421	μ Vel	42.5	- 48 54	2.8	G5	0.3	+ 0.064	- 0.056	31	+ 7
422	Wolf 358	45.8	+ 7 22	11.5	M5	12.2	- 0.840	- 0.870	136	+ 4
423	Schl 3337	46.8	+ 76 30	9.4	K6	7.7	- 0.426	+ 0.172	44	- 22
424	46 LMi	47.7	+ 34 45	3.9	K1	1.4	+ 0.090	- 0.286	32	+ 16
425	Br St 4251	48.6	- 19 36	5.3	F5	3.6	+ 0.078	- 0.244	45	- 5
426	Br St 4257	49.4	- 58 19	3.9	K0	1.7	+ 0.070	+ 0.020	36	+ 8
427	Schl 3362	51.0	+ 70 8	10.2	M0	8.8	- 0.638	+ 0.045	52	+ 7
428	Wolf 359	51.6	+ 7 36	13.5	M6	16.5	- 3.850	- 2.800	406	+ 13
429	47 UMa	53.9	+ 40 58	5.1	G0	4.4	- 0.318	+ 0.052	73	+ 13
430	Ross 104	54.8	+ 23 22	10.3	M3	10.6	- 0.382	- 0.238	120	+ 29
431	β UMa	55.8	+ 56 55	2.4	A0	0.6	+ 0.082	+ 0.029	43	- 12
432	α UMa	57.6	+ 62 17	2.0	K0	-0.5	- 0.119	- 0.070	31	- 9
433	+ 36°2147	57.9	+ 36 38	7.5	M2	10.4	- 0.565	- 4.746	388	- 87
434	+ 44°2051A	11^h 0.5	+ 44 2	8.7	M0	9.9	- 4.417	+ 0.948	174	+ 64
435	λ¹ Hya	0.5	- 26 45	5.1	F5	2.8	- 0.194	- 0.007	36	+ 17
436	Br St 4328	3.2	- 29 38	6.5	G0	4.6	- 0.515	- 0.146	41	+ 11
437	γ UMa	4.0	+ 45 2	3.2	K0	0.9	- 0.063	- 0.035	35	- 4
438	Schi 3421	5.2	+ 66 34	9.0	G5	6.3	- 0.338	- 0.122	34	+ 27
439	- 14°3277	6.5	- 14 26	9.3	K5	8.5	+ 0.695	- 0.581	68	- 2
440	β Crt	6.7	- 22 17	4.5	A2	2.9	0.000	- 0.104	48	+ 6

1026 Fixsternen mit Parallaxen > 0."030

	4			5				6
lfd. Nr.	180°−i	v	e .001	Sonne = 1 a	q	q'	U	V km/sec	Bemerkungen
401	4.6	155°	150	0.88	0.75	1.02	0.83	249	3,Br St 4027
402	0.9	125	132	0.94	0.82	1.07	0.91	259	3,Br St 4033
403	3.4	218	238	0.86	0.66	1.07	0.80	245	3,Br St 4039,vD
404	0.0	134	68	0.96	0.89	1.02	0.94	262	1,Kuip 98
405	2.4	167	184	0.85	0.68	1.01	0.78	243	3,Br St 4054
406	0.4	268	328	1.11	0.75	1.47	1.17	280	2,Br St 4057/58,vD,400 J,Schn206
407	5.8	158	421	0.74	0.43	1.05	0.64	215	2,Corm 978
408	2.3	176	113	0.90	0.80	1.00	0.85	253	3,Schl 3197
409	4.7	0	10	1.01	1.00	1.02	1.01	270	3,Br St 4069, ♀
410	0.6	42	57	1.05	0.99	1.11	1.07	274	3,Schl 3210
411	1.8	152	97	0.92	0.83	1.01	0.89	256	3,Br St 4090
412	5.2	187	453	0.69	0.38	1.01	0.58	199	2,Br St 4098
413	5.9	176	163	0.86	0.72	1.00	0.80	245	1,Kuip 99
414	0.6	105	53	0.99	0.94	1.04	0.98	267	3,Br St 4112
415	1.1	161	465	0.72	0.38	1.05	0.60	208	2,Corm 982
416	0.8	143	330	0.83	0.55	1.10	0.75	238	3,Schl 3254
417	2.0	139	128	0.92	0.80	1.03	0.88	256	1,Kuip 100
418	9.0	232	287	0.90	0.64	1.15	0.85	251	2,Br St 4158
419	2.3	21	83	1.08	1.00	1.18	1.13	278	3,——
420	2.6	166	174	0.86	0.71	1.00	0.79	244	3,vD,hellere Komp.,sD, ♀
421	0.4	247	61	0.98	0.92	1.04	0.97	265	3,Br St 4216,vD, B.
422	4.9	171	241	0.81	0.61	1.00	0.72	234	1,Kuip 101,sD
423	10.2	124	117	0.95	0.84	1.06	0.92	261	4,G C 14964
424	5.7	194	251	0.81	0.61	1.01	0.73	234	3,Br St 4247
425	3.7	244	85	0.97	0.89	1.05	0.95	263	3,Schl 3346
426	1.3	222	53	0.98	0.93	1.03	0.97	264	3,Schl 3351
427	4.7	116	204	0.95	0.76	1.14	0.93	262	4,20 C 598
428	4.7	167	330	0.76	0.51	1.01	0.67	222	1,Kuip 102, ♀ aus MWC 726
429	0.9	102	93	0.99	0.90	1.08	0.98	266	3,Br St 4277
430	4.6	157	145	0.88	0.76	1.01	0.83	250	1,Kuip 103, enger vD ?
431	1.7	294	54	1.03	0.97	1.08	1.04	271	3,Br St 4295,vD, ♀
432	2.1	167	133	0.89	0.77	1.00	0.83	250	3,Br St 4301,vD, ♀, 44 J.
433	19.2	209	319	0.80	0.54	1.06	0.72	232	1,Kuip 104, Schn 225
434	1.1	102	502	1.20	0.60	1.80	1.31	289	1,Kuip 105,Begl 28"
435	0.2	159	179	0.86	0.71	1.01	0.80	245	3,Br St 4314,vD
436	7.4	152	278	0.82	0.59	1.05	0.74	236	3,Schl 3411
437	1.8	196	57	0.95	0.89	1.00	0.92	261	3,Br St 4335
438	2.8	126	225	0.91	0.71	1.12	0.87	255	4,G C 15365
439	2.1	278	224	1.09	0.85	1.33	1.14	278	4,Corm 993
440	0.9	201	65	0.94	0.88	1.00	0.91	260	3,Br St 4343, ♀

Galaktozentrische Bahnelemente von

lfd. Nr.	Name	Ort 1900 α	δ	m	Sp	M	jährl. EB μα	μδ	π .001	q km/sec
441	Br St 4345	11ʰ 7ᵐ.1	+ 36°21'	6ᵐ.3	G0	5ᵐ.3	- 0.272	- 0.177	64	- 3
442	+ 74°.456	8.6	+ 74 1	7.2	K5	6.6	- 0.392	+ 0.108	77	+ 8
443	δ Leo	8.8	+ 21 4	2.5	A3	1.0	+ 0.146	- 0.138	51	- 22
444	Br St 4363	10.3	+ 53 19	6.3	F2	3.8	+ 0.161	+ 0.050	32	- 39
445	- 17°.3336	10.3	- 17 35	10.0	M1	8.8	+ 0.225	- 0.760	56	+ 5
446	- 17°.3337	10.3	- 17 35	10.0	M1	8.8	+ 0.498	- 0.800	56	+ 5
447	ξ UMa A	12.9	+ 32 6	4.4	F9	5.1	- 0.431	- 0.593	138	- 16
448	Schn 230	13.2	- 4 31	7.3	K0	5.9	+ 0.793	- 0.141	53	+ 10
449	+ 66°.717	14.8	+ 66 23	9.3	M1	9.7	- 2.940	+ 0.155	120	+ 47
450	+ 19°.2443	16.6	+ 18 44	8.1	G5	8.1	- 0.152	- 0.097	101	- 4
451	ι Leo	18.7	+ 11 5	4.0	F5	2.4	+ 0.169	- 0.081	47	- 10
452	83 Leo	21.7	+ 3 33	6.2	K0	4.8	- 0.722	+ 0.177	53	- 3
453	Schn 234	23.3	+ 8 6	9.7	G7	7.4	- 0.239	- 1.134	34	+ 1
454	58 UMa	25.1	+ 43 43	5.9	F8	3.3	- 0.051	+ 0.073	30	- 30
455	8β Leo	26.4	+ 14 55	6.2	G0	3.6	- 0.331	- 0.196	30	- 4
456	89 Leo	29.2	+ 3 37	5.8	F5	3.4	- 0.183	- 0.108	33	+ 6
457	Br St 4458	29.6	- 32 18	6.1	G5	5.9	- 0.680	+ 0.818	91	- 23
458	λ Cen	31.2	- 62 28	3.3	B9	0.8	- 0.034	- 0.019	31	+ 8
459	Br St 4486	33.5	+ 45 40	6.3	G0	4.8	- 0.594	+ 0.018	51	- 18
460	ι Crt	33.6	- 12 39	5.6	G0	3.4	+ 0.089	- 0.113	36	- 24
461	Ross 451	34.7	+ 67 52	12.3	K0	10.9	+ 0.335	- 3.180	53	-118
462	61 UMa	35.8	+ 34 46	5.3	G4	5.5	- 0.014	- 0.390	109	- 5
463	62 UMa	36.4	+ 32 18	5.7	F5	3.1	- 0.348	+ 0.017	30	+ 31
464	L 1405-28	36.9	+ 27 17	10.5	M3	10.4	+ 0.709	- 0.788	95	+ 10
465	Br St 4511	38.8	- 61 56	5.2	F8	2.7	- 0.005	- 0.010	32	+ 10
466	AC 79°.3888	41.3	+ 79 14	11.0	M4	12.5	+ 0.730	+ 0.475	201	-115
467	Schn 239	41.7	- 39 57	5.0	G5	4.6	- 1.538	+ 0.393	93	+ 15
468	Ross 128	42.6	+ 1 23	11.0	M5	12.8	+ 0.679	- 1.325	230	- 10
469	93 Leo	42.8	+ 20 46	4.5	F8	2.2	- 0.150	- 0.012	34	0
470	β Leo	44.0	+ 15 8	2.2	A2	1.6	- 0.496	- 0.122	77	- 1
471	β Vir	45.5	+ 2 20	3.7	F8	3.8	+ 0.742	- 0.277	101	+ 5
472	GC 16248	47.2	+ 10 30	7.8	K1	6.5	- 0.329	+ 0.093	54	+ 11
473	HR 4550	47.2	+ 38 26	6.4	G6	6.6	+ 3.994	- 5.800	108	- 98
474	γ UMa	48.6	+ 54 15	2.5	A0	0.4	+ 0.094	+ 0.004	37	- 11
475	- 26°.8883	53.0	- 27 8	7.0	K2	7.0	- 1.070	- 0.625	98	+ 43
476	Br St 4587	55.6	- 9 53	5.6	G5	5.0	+ 0.123	- 0.483	76	+ 1
477	Schn 243	57.4	+ 43 39	6.8	K0	4.5	- 0.351	- 0.518	35	- 14
478	Schn 244	58.5	- 41 52	5.3	F0	2.9	+ 0.324	- 0.125	34	+ 36
479	η Cru	12ʰ 1.7	- 64 3	4.3	F0	2.8	+ 0.034	- 0.046	49	+ 9
480	Wolf 406	3.3	+ 0 4	10.8	M1	9.8	- 1.057	- 0.167	63	+ 31

1026 Fixsternen mit Parallaxen > 0"030

lfd. Nr.	180°−i	v	e .001	a	q	q'	U	V km/sec	Bemerkungen
441	2°1	164°	142	0.88	0.76	1.00	0.82	249	3,Schl 3427
442	1.7	90	0	1.00	1.00	1.00	1.00	268	4,Corm 994 (optD m.+74°456a)
443	3.6	278	91	1.02	0.93	1.12	1.03	270	3,Br St 4357, ♀ₒ, B.
444	5.8	298	159	1.10	0.93	1.28	1.15	280	3,Schl 3441,Begl 13"
445	8.4	221	253	0.87	0.65	1.18	0.80	247	4,——
446	6.7	240	281	0.93	0.67	1.19	0.90	258	4,20 C 621,sD
447	4.4	180	152	0.87	0.74	1.00	0.81	246	1,kuip 107,vD,BrSt 4374/75, ♀ₒ
448	4.9	293	283	1.21	0.87	1.55	1.33	291	2,Schl 3453
449	1.4	108	452	1.08	0.59	1.56	1.12	277	1,Kuip 109
450	1.5	166	41	0.97	0.93	1.01	0.96	263	1,Schl 3464,Corm 1000,vD
451	1.2	297	89	1.05	0.96	1.14	1.08	274	3,Br St 4399,vD,♀ₒ, B.
452	3.4	112	238	0.97	0.74	1.20	0.95	263	3,Br St 4414,vD, ♀ₒ
453	24.8	188	733	0.59	0.16	1.03	0.45	149	2,Schl 3488
454	6.9	0	46	1.05	1.00	1.10	1.07	274	3,Br St 4431
455	6.4	164	321	0.77	0.52	1.02	0.68	225	3,Br St 4437,vD
456	1.9	164	194	0.85	0.68	1.01	0.78	243	3,Br St 4455
457	3.2	56	262	1.23	0.91	1.55	1.36	292	3,Schl 3517
458	0.9	180	59	0.94	0.89	1.00	0.92	259	3,Br St 4467
459	7.3	139	217	0.88	0.69	1.07	0.82	248	3,Schl 3530,vD, ♀ₒ
460	1.2	0	236	1.31	1.00	1.62	1.50	298	3,,Br St 4488,vD
461	83.2	192	894	0.63	0.07	1.19	0.50	171	2,Schl 3535
462	0.7	195	119	0.90	0.79	1.01	0.85	253	1,Kuip 110,Br St 4496
463	3.7	129	245	0.90	0.68	1.12	0.85	252	3,Br St 4501
464	3.9	230	213	0.90	0.71	1.10	0.86	254	1,kuip 111
465	0.4	197	62	0.94	0.89	1.00	0.92	260	3,Schl 3549, ♀,?
466	19.4	217	362	0.82	0.52	1.11	0.74	235	1,kuip 113
467	1.8	144	370	0.81	0.51	1.11	0.73	234	2,Br St 4523
468	4.0	239	110	0.95	0.85	1.05	0.93	262	1,Kuip 114
469	1.1	141	92	0.94	0.85	1.02	0.91	259	3,Br St 4527, ♀ₒ
470	1.8	152	159	0.88	0.74	1.02	0.83	249	3,Br St 4554, <u>Denebola</u>
471	1.3	286	146	1.06	0.91	1.22	1.10	275	1,Kuip 115,Br St 4540
472	1.6	126	134	0.94	0.81	1.07	0.91	259	4,G C 16248
473	5.2	212	934	1.60	0.11	3.10	2.02	314	1,Kuip 116,Br St 4550
474	1.7	293	57	1.03	0.97	1.09	1.04	272	3,Br St 4554
475	12.3	89	163	1.02	0.85	1.19	1.03	272	1,Kuip 118
476	3.6	214	136	0.90	0.78	1.03	0.86	253	3,Schl 3608
477	0.6	179	527	0.66	0.31	1.00	0.53	184	2,Corm 1008
478	0.9	250	224	0.97	0.75	1.19	0.95	263	2,Br St 4600
479	0.9	223	46	0.97	0.92	1.01	0.95	264	3,Br St 4616, ♀ₒ
480	2.8	159	448	0.73	0.40	1.06	0.62	212	4,Schl 3646

Galaktozentrische Bahnelemente von

	1	2				3			
lfd. Nr.	Name	Ort 1900 α	δ	m	Sp	M	jährl. E B μ_α	μ_δ	π .001	q km/sec
481	α Crv	12^h $3^m.3$	$-24°10$	$4^m.2$	F2	$2^m.8$	$+0^s.083$	$-0^s.048$	52	+ 4
482	Schn 250	7.5	− 2 32	7.4	G0	5.4	− 0.593	+ 0.428	40	+ 12
483	Schn 254	10.0	− 9 43	6.1	F8	3.6	+ 0.031	− 1.024	31	+ 6
484	δ UMa	10.5	+ 57 35	3.4	A2	1.6	+ 0.106	+ 0.003	43	− 13
485	ε Mus	12.2	− 67 24	4.2	Mb	2.3	− 0.234	− 0.036	41	+ 7
486	+ 26°2329	15.3	+ 26 33	6.1	A5	5.1	− 0.145	+ 0.014	62	+ 6
487	Schn 256	17.9	+ 73 48	8.2	G5	5.9	− 0.463	+ 0.161	34	− 98
488	Ross 695	19.6	− 17 38	11.7	M4	11.9	+ 1.105	− 2.270	110	+ 58
489	Br St 4758	24.9	− 12 50	6.4	G0	4.3	− 0.251	− 0.048	38	0
490	7 CVn	25.3	+ 52 5	6.2	F8	3.8	− 0.289	+ 0.016	32	+ 19
491	Br St 4767	26.1	+ 53 37	6.2	F8	3.9	+ 0.015	+ 0.173	35	− 22
492	Schn 260	26.3	+ 9 22	9.7	M1	8.2	− 0.653	− 0.528	50	+ 21
493	η Crv	26.9	− 15 39	4.4	F0	3.1	− 0.428	− 0.067	55	− 4
494	Wolf 424 A	28.4	+ 9 34	12.7	M7	14.5	− 1.820	+ 0.256	225	− 5
495	Schl 3800	28.8	− 14 5	9.6	K4	7.1	− 0.478	− 0.025	32	+ 7
496	Br St 4784	28.9	+ 33 56	6.4	K0	5.0	+ 0.001	− 0.016	53	− 41
497	β CVn	29.0	+ 41 54	4.3	G0	4.5	− 0.705	+ 0.284	108	+ 7
498	− 26°9233	32.4	− 26 35	5.4	F0	3.0	+ 0.072	− 0.003	33	− 1
499	Wolf 433	34.0	+ 12 14	11.3	M4	10.4	− 1.146	− 0.181	64	+ 8
500	γ Vir	36.6	− 0 54	3.6	F0	3.5	− 0.567	+ 0.005	95	− 20
501	Schl 3843	38.4	− 37 9	7.5	G5	5.2	− 0.666	− 0.228	35	− 30
502	10 CVn	40.3	+ 39 49	6.0	F8	5.0	− 0.355	+ 0.132	64	+ 81
503	Wolf 437	43.0	+ 10 18	11.1	M4	11.3	− 0.945	− 0.481	106	+ 5
504	Br St 4864	43.9	+ 25 23	6.4	G5	4.4	− 0.338	− 0.116	39	− 8
505	Br St 4867	44.3	+ 60 52	5.9	F5	3.8	+ 0.107	− 0.005	38	− 12
506	AC 66°3955	45.1	+ 66 40	10.5	M3	10.8	− 0.432	− 0.084	117	− 18
507	+ 0°2989	45.6	− 0 13	8.5	K6	8.5	− 0.046	− 0.387	98	− 9
508	Br St 4889	47.9	− 39 38	4.3	A5	2.8	+ 0.068	− 0.032	50	− 2
509	38 Vir	48.1	− 3 1	6.2	F5	3.7	− 0.259	− 0.007	32	− 7
510	ε UMa	49.6	+ 56 30	1.7	A0	0.8	+ 0.113	− 0.011	67	− 12
511	− 9°3595	53.9	− 9 18	7.7	G5	7.3	− 0.827	+ 0.193	85	− 4
512	Schl 3907	55.2	+ 69 19	8.6	G6	6.3	− 0.293	+ 0.257	34	+ 7
513	Wolf 461	55.6	+ 6 13	13.6	M5	13.8	− 0.950	+ 0.346	120	− 40
514	+ 13°2618	55.9	+ 12 54	9.9	M1	9.8	− 0.700	− 0.024	95	− 13
515	78 UMa	56.4	+ 56 54	4.9	F0	2.6	+ 0.114	− 0.016	35	− 9
516	ε Vir	57.2	+ 11 30	3.0	K0	0.7	− 0.274	+ 0.016	36	− 14
517	Br St 4934	57.9	+ 64 9	6.0	F5	3.8	− 0.179	+ 0.025	36	− 11
518	Br St 4935	58.4	− 20 3	5.7	G0	3.4	+ 0.141	+ 0.011	35	+ 33
519	Schn 272	13^h 3.2	+ 4 19	9.5	G	7.0	− 0.442	− 0.310	31	− 57
520	Schn 273	3.8	+ 5 46	6.9	G0	4.7	+ 0.075	− 0.675	37	+ 23

1026 Fixsternen mit Parallaxen > 0"030

	4			5				6
lfd. Nr.	180°−i	v	e .001	a	Sonne=1 q	q'	U	V km/sec	Bemerkungen

lfd. Nr.	180°−i	v	e .001	a	q	q'	U	V	Bemerkungen
481	0°0	263°	33	1.01	0.97	1.04	1.01	268	3,Br St 4623, B.
482	5.0	93	311	1.09	0.75	1.43	1.13	279	2,Corm 1013
483	27.9	203	549	0.71	0.32	1.10	0.59	204	2,Br St 4657
484	2.1	290	60	1.02	0.96	1.08	1.03	271	3,Br St 4660
485	1.8	154	148	0.89	0.76	1.02	0.84	250	3,Br St 4671, g_o
486	1.1	132	53	0.96	0.91	1.02	0.95	264	3,Br St 4694,Corm 1017, g_o
487	25.0	172	388	0.72	0.44	1.01	0.62	211	2,Schl 3734
488	6.5	214	505	0.78	0.39	1.17	0.69	227	1,Kuip 121
489	1.4	150	165	0.88	0.74	1.03	0.83	249	3,Schl 3777,vD
490	2.9	126	185	0.92	0.75	1.09	0.89	257	3,Br St 4761
491	6.3	7	95	1.10	1.00	1.21	1.16	282	3,Schl 3786
492	0.6	173	488	0.68	0.35	1.01	0.56	193	2,Corm 1019
493	2.1	145	180	0.88	0.72	1.04	0.83	249	3,BrSt 4775,g_o,2 Spektr.
494	1.1	133	152	0.92	0.78	1.06	0.88	256	1,Kuip 125,vD (Reuyl)
495	0.3	151	352	0.79	0.51	1.07	0.70	230	4,20 C 717
496	8.8	264	19	1.00	0.98	1.02	1.00	268	3,−
497	0.4	106	131	0.98	0.85	1.11	0.97	265	1,Kuip 127,BrSt 4785
498	0.2	331	63	1.06	0.99	1.13	1.09	275	3,BrSt 4803,Begl 12^m 2", B.
499	0.8	156	430	0.75	0.43	1.07	0.64	218	4,Schl 3820
500	4.0	121	116	0.95	0.84	1.06	0.93	262	3,BrSt 4825/26,vD, 171 J.
501	3.7	137	378	0.84	0.52	1.16	0.77	242	4,G C 17308
502	16.1	45	213	1.21	0.95	1.47	1.33	290	2,Schn 262,Br St 4845
503	0.3	166	284	0.78	0.56	1.00	0.69	227	1,Kuip 130
504	1.7	161	255	0.81	0.60	1.02	0.73	235	3,Schl 3864
505	2.1	286	57	1.02	0.96	1.08	1.03	271	3,Schl 3865
506	2.6	172	159	0.87	0.73	1.00	0.80	246	1,Kuip 131
507	3.5	191	50	0.95	0.91	1.00	0.93	258	1,Kuip 132
508	0.8	333	36	1.03	1.00	1.07	1.05	273	3,Schl 3882
509	1.2	142	179	0.89	0.73	1.05	0.84	251	3,Br St 4891
510	2.1	273	38	1.00	0.96	1.04	1.00	268	3,Br St 4905,aD, g_o
511	1.4	132	200	0.90	0.72	1.08	0.86	253	4,Corm 1027
512	3.4	89	196	1.05	0.84	1.25	1.07	274	4,G C 17629,aD
513	6.4	91	180	1.03	0.84	1.21	1.04	272	1,Kuip 133,aD
514	2.3	144	146	0.88	0.75	1.00	0.82	250	1,Kuip 134
515	1.7	303	74	1.05	0.97	1.12	1.07	274	3,Br St 4931,vD,90 J.
516	2.3	136	166	0.91	0.76	1.06	0.86	254	3,Br St 4932
517	2.1	155	141	0.89	0.76	1.02	0.84	251	3,Schl 3921
518	4.8	251	116	0.98	0.86	1.09	0.96	265	3,Schl 3922,Begl 1"
519	17.0	159	360	0.76	0.49	1.04	0.66	222	2,Wolf 474,Schl 3940
520	2.8	203	454	0.74	0.40	1.07	0.63	213	2,Schl 3943

Galaktozentrische Bahnelemente von

lfd. Nr.	Name	Ort 1900 α	δ	m	Sp	M	jährl. E B μ_α	μ_δ	r ".001	9 km/sec
521	Schl 3945	13^h 4.3	- 21° 39'	7.3	G7	6.7	+ 0.165	- 0.365	75	- 6
522	α Com	5.1	+ 18 3	5.2	F5	4.0	- 0.431	+ 0.129	57	- 18
523	R S CVn	6.0	+ 36 28	var	F8	6.1	- 0.061	+ 0.035	50	- 9
524	+ 10°2519	6.4	+ 10 9	8.5	G0	7.4	- 0.499	+ 0.254	60	+19
525	Br St 4979	6.5	- 37 16	4.9	G5	3.2	- 0.388	+ 0.036	46	- 15
526	53 Vir	6.7	- 15 40	5.1	F2	4.0	+ 0.095	- 0.293	60	- 14
527	β Com	7.2	+ 28 23	4.3	G0	4.7	- 0.799	+ 0.876	121	+ 6
528	Schn 276	7.2	- 31 20	6.7	G5	4.1	- 0.217	- 0.310	30	+ 63
529	Schn 278	8.1	- 58 34	5.0	F8	3.5	- 0.262	- 0.169	50	- 65
530	57 Vir	10.6	- 19 25	5.3	F0	3.0	+ 0.305	- 0.123	34	+ 34
531	59 Vir	11.8	+ 9 57	5.2	G0	4.4	- 0.336	+ 0.185	70	- 26
532	ADS 8841 B	11.9	+ 17 33	10.2	M2	9.5	+ 0.636	- 0.268	72	+ 10
533	61 Vir	13.2	- 17 45	4.8	G5	5.2	- 1.075	- 1.076	116	- 8
534	Ross 484	13.9	- 2 34	11.0	K4	9.0	- 0.675	- 0.230	40	+136
535	ι Cen	15.0	- 36 11	2.9	A2	1.4	- 0.339	- 0.092	49	0
536	Schn 282	15.8	+ 4 39	8.8	K2	6.4	- 0.536	+ 0.220	33	- 24
537	+ 29°2405	18.9	+ 29 45	8.9	K5	8.1	- 0.481	+ 0.246	69	- 37
538	66 Vir	19.3	- 4 38	5.8	F2	3.2	+ 0.157	- 0.036	30	+ 14
539	γ UMa	19.9	+ 55 27	2.4	A0	0.5	+ 0.124	- 0.028	42	- 10
540	80 UMa	21.2	+ 55 31	4.0	A5	1.9	+ 0.119	- 0.024	38	- 2
541	Br St 5070	22.6	+ 63 46	6.6	G5	4.1	- 0.391	+ 0.213	33	- 30
542	Ross 486 A	23.2	- 1 50	11.4	M4	11.4	+ 0.174	- 0.480	100	- 26
543	70 Vir	23.5	+ 14 19	5.2	G0	3.5	- 0.237	- 0.583	45	+ 4
544	+ 11°2576	24.9	+ 10 55	9.2	M1	9.6	+ 1.030	- 1.110	123	+ 12
545	Schn 286	26.6	- 1 49	7.3	G5	5.1	- 0.850	+ 0.268	36	- 54
546	Schn 288	28.7	- 38 23	7.1	G0	5.7	+ 0.438	- 0.438	52	+ 87
547	γ Vir	29.6	- 0 5	3.4	A2	1.0	- 0.285	+ 0.034	33	- 14
548	24 CVn	30.4	+ 49 32	4.6	A3	2.8	- 0.125	+ 0.019	43	- 12
549	Br St 5113	30.4	- 61 11	5.6	F5	3.2	- 0.138	- 0.124	33	+ 40
550	+ 75° 511	33.2	+ 75 1	9.8	K6	8.0	- 0.430	- 0.007	42	- 1
551	Br St 5148	36.4	+ 51 1	6.3	F8	4.6	- 0.131	+ 0.052	45	- 12
552	Br St 5156	37.2	+ 8 54	6.1	F4	3.9	- 0.384	- 0.096	36	- 11
553	1 Cen	40.0	- 32 32	4.4	F5	2.7	- 0.460	- 0.151	45	- 23
554	Schn 292	40.2	+ 18 20	9.0	Ma	8.6	+ 0.428	- 1.811	84	+ 27
555	+ 15°2620	40.7	+ 15 26	8.6	M1	10.0	+ 1.770	- 1.466	191	+ 15
556	- 5°3763	42.2	- 5 38	9.6	K4	7.0	- 0.360	- 0.570	30	- 46
557	τ Boo	42.5	+ 17 57	4.5	F5	3.5	- 0.483	+ 0.029	63	- 17
558	Br St 5189	43.2	- 35 12	6.5	G0	4.1	- 0.522	- 0.178	33	+ 6
559	2 Cen	43.6	- 33 57	4.4	Mb	3.0	- 0.047	- 0.064	52	+ 41
560	Schn 296	44.4	- 21 36	7.9	K5	7.6	- 1.750	- 0.502	87	- 35

*) 7.6 - 9.5

1026 Fixsternen mit Parallaxen > 0".030

lfd. Nr.	180°−i	v	e ·.001	a	q	q'	U	V km/sec	Bemerkungen
521	4.°8	246°	50	0.98	0.94	1.03	0.97	266	4,G C 17819
522	2.9	122	159	0.94	0.79	1.09	0.91	260	3,Br St 4968/69,vD,25.9 J.
523	1.9	105	30	0.99	0.96	1.02	0.99	266	4,Schl 3955,Corm 1029
524	6.3	119	150	0.95	0.81	1.09	0.92	261	4,Schl 3958,Corm 1030
525	0.2	122	168	0.94	0.78	1.10	0.91	259	3,Schl 3959
526	5.6	241	36	0.98	0.95	1.02	0.97	266	3,Br St 4981
527	1.9	68	192	1.12	0.90	1.33	1.18	281	1,Kuip 135,Br St 4983
528	1.5	186	529	0.66	0.31	1.01	0.53	185	2,Schl 3965
529	4.7	178	319	0.76	0.52	1.00	0.66	221	2,BrSt 4989,Begl 10.^{m}5in 2.^{s}7
530	1.1	269	208	1.04	0.82	1.26	1.06	273	3,Br St 5001
531	3.8	272	120	1.02	0.90	1.14	1.03	270	3,Br St 5011
532	1.0	296	194	1.13	0.91	1.35	1.20	283	4,schwacher Begl zu Schl 3990
533	8.0	168	323	0.76	0.52	1.01	0.66	222	1,Kuip 136, BrSt 5019
534	37.2	182	453	0.69	0.38	1.00	0.57	198	2,20 C 770
535	0.7	154	186	0.86	0.70	1.02	0.80	246	3,Br St 5028
536	0.2	114	320	0.97	0.66	1.28	0.96	264	2,Corm 1033
537	7.3	117	158	0.95	0.80	1.10	0.93	261	4,Corm 1034,vD
538	1.0	298	116	1.07	0.95	1.19	1.10	277	3,Br St 5050, ♀.
539	2.1	292	58	1.03	0.97	1.09	1.04	271	3,Br St 5054/55,vD,♀.,**Mizar**
540	0.6	315	74	1.06	0.98	1.14	1.09	276	3,Br St 5062,♀.,**Alcor**,aD
541	8.0	145	274	0.84	0.61	1.07	0.77	242	3,Schl 4036
542	7.3	247	30	0.99	0.96	1.02	0.98	267	1,Kuip 137,Begl 10^m
543	1.4	188	425	0.71	0.41	1.01	0.59	206	3,Br St 5072
544	1.7	259	206	1.00	0.80	1.21	1.00	268	1,Kuip 139
545	2.4	118	470	1.00	0.53	1.47	1.00	268	2,Schl 4057
546	2.0	222	425	0.84	0.48	1.19	0.77	240	2,Schl 4071
547	0.5	136	193	0.90	0.72	1.07	0.85	252	3,Br St 5107
548	2.0	156	94	0.92	0.84	1.01	0.88	257	3,Br St 5112,♀.,Corm 1037
549	4.4	224	192	0.90	0.72	1.07	0.85	253	3,vD, 35 J.
550	2.4	153	251	0.83	0.62	1.04	0.75	239	4,Schl 4087
551	2.2	152	86	0.93	0.85	1.01	0.90	258	3,Schl 4104,Begl 10^{m}in 18^s
552	0.8	159	305	0.79	0.55	1.03	0.70	230	3,Schl 4108
553	3.2	150	273	0.82	0.60	1.05	0.75	238	3,Br St 5168,♀.
554	0.8	213	473	0.78	0.41	1.14	0.68	226	2,Corm 1039
555	0.8	271	218	1.06	0.83	1.29	1.09	276	1,Kuip 141
556	21.6	173	474	0.68	0.36	1.01	0.57	196	4,20 C 806
557	1.6	145	192	0.87	0.71	1.04	0.82	248	3,BrSt 5185,vD,11^{m}in 7^s
558	0.3	163	445	0.72	0.40	1.04	0.61	209	3,Schl 4131,Begl 9.^{m}3in 12^s
559	3.3	203	215	0.84	0.66	1.02	0.77	242	3,Br St 5192
560	5.2	150	464	0.76	0.41	1.12	0.67	222	2,Schl 4143

Galaktozentrische Bahnelemente von

lfd. Nr.	Name	Ort 1900 α	δ	m	Sp	M	jährl. EB μ_α	μ_δ	π ".001	ϱ km/sec
561	Br St 5209	13^h 45^m.8	$-23°53'$	6^m.5	G0	5^m.2	$-0".575$	$-0".310$	55	$+3$
562	η Boo	49.9	$+18\ 54$	2.8	F9	3.2	-0.063	-0.365	116	0
563	Br St 5243	51.0	$+14\ 34$	6.2	F5	3.7	-0.292	-0.005	33	-13
564	Schn 297	52.9	$-33\ 30$	8.4	G0	6.7	-0.488	-0.331	45	$+64$
565	Schl 4202	58.5	$+46\ 49$	9.9	M3	9.5	$+0.547$	-0.048	85	-31
566	π Hya	14^h 0.7	$-26\ 12$	3.5	K0	1.3	$+0.043$	-0.150	37	$+27$
567	Θ Cen	0.8	$-35\ 53$	2.3	K0	1.1	-0.521	-0.522	58	$+1$
568	12^{d}Boo	5.8	$+25\ 34$	4.8	F5	2.8	-0.027	-0.067	39	$+10$
569	Br St 5307	6.4	$+\ 1\ 50$	6.3	F5	4.2	-0.127	$+0.022$	37	-17
570	ι Vir	10.8	$-\ 5\ 31$	4.2	F5	2.4	-0.010	-0.429	44	$+12$
571	α Boo	11.1	$+19\ 42$	0.2	K0	-0.1	-1.098	-2.003	87	-4
572	Br St 5346	11.9	$+20\ 35$	6.4	F5	3.8	-0.149	-0.110	30	-9
573	ι Boo	12.6	$+51\ 50$	4.8	A5	2.7	-0.149	$+0.087$	38	-18
574	λ Boo	12.6	$+46\ 33$	4.3	A0	1.9	-0.184	$+0.154$	33	-8
575	Br St 5356	13.3	$-25\ 22$	5.9	F5	4.1	-0.372	$+0.343$	44	-21
576	18 Boo	14.4	$+13\ 28$	5.3	F0	2.8	$+0.104$	-0.037	31	-2
577	Schl 4272	14.4	$-\ 4\ 41$	7.6	K0	6.2	-0.653	-0.101	53	-1
578	Br St 5384	18.1	$+\ 1\ 43$	6.3	G0	4.9	$+0.222$	-0.484	52	-18
579	Br St 5394	19.4	$+\ 8\ 33$	6.2	K2	4.8	-0.116	-0.098	52	-31
580	Schn 303	21.1	$+24\ 6$	8.9	K5	7.6	$+0.814$	-1.140	56	$+14$
581	Θ Boo	21.8	$+52\ 19$	4.1	F8	3.3	-0.238	-0.404	68	-11
582	φ Vir	23.0	$-\ 1\ 47$	5.0	K0	2.9	-0.141	-0.008	39	-10
583	Ross 130	24.8	$+15\ 58$	10.5	M3	9.9	-1.000	$+1.425$	77	$+20$
584	Schn 304	25.7	$-\ 8\ 12$	9.3	K5	8.6	-1.246	-0.180	72	-27
585	Schn 305	25.8	$-15\ 11$	7.9	G5	5.8	$+0.219$	-0.370	39	$+29$
586	γ Boo	28.1	$+38\ 45$	3.0	F0	0.7	-0.115	$+0.146$	35	-36
587	Br St 5436	28.4	$+63\ 38$	6.0	F5	3.7	-0.179	$+0.003$	35	-4
588	Schn 306	28.7	$+\ 9\ 47$	8.9	G5	6.8	$+0.177$	-0.522	38	$+28$
589	Br St 5445	29.9	$+32\ 59$	6.3	F2	3.7	$+0.115$	-0.003	30	-9
590	σ Boo	30.3	$+30\ 11$	4.5	K0	3.4	$+0.187$	$+0.124$	61	0
591	$+34°2541$	30.9	$+34\ 11$	9.3	M0	7.9	-0.728	$+0.218$	53	-53
592	Schn 307	31.7	$-11\ 53$	6.2	F8	3.8	-0.876	$+0.359$	53	-70
593	α Cen A	32.8	$-60\ 25$	0.3	G4	4.7	-3.606	$+0.705$	756	-22
594	α Cir	34.4	$-64\ 32$	3.4	F0	2.2	-0.187	-0.244	57	$+7$
595	μ Vir	37.8	$-\ 5\ 13$	4.0	F5	2.3	$+0.106$	-0.322	46	$+5$
596	Br St 5504	40.5	$-20\ 45$	6.4	G0	3.8	-0.062	-0.112	30	0
597	109 Vir	41.2	$+\ 2\ 19$	3.8	A0	1.2	-0.114	-0.036	30	-6
598	Schn 313	41.7	$+16\ 56$	9.3	K8	7.9	-0.129	-0.961	54	$+48$
599	R Y Boo	45.2	$+23\ 27$	var*)	F5	5.4	$+0.049$	-0.010	53	$+2$
600	α_1 Lib	45.2	$-15\ 35$	5.3	F5	3.4	-0.100	-0.075	42	-23

*) 6.8 −7.6

1026 Fixsternen mit Parallaxen > 0".030

	4			5				6
lfd. Nr.	180°−i	v	e .001	a	Sonne = 1 q	q'	U	V km/sec	Bemerkungen

lfd. Nr.	180°−i	v	e .001	a	q	q'	U	V km/sec	Bemerkungen
561	1.6	166°	336	0.76	0.50	1.01	0.66	221	3,Schl 4153
562	0.4	198	90	0.92	0.84	1.00	0.88	256	1,Kuip 142,sD,BrSt 5235,♀₀
563	0.2	151	233	0.84	0.64	1.04	0.77	242	3,Schl 4177
564	4.4	184	536	0.65	0.30	1.00	0.53	184	2,Schl 4183
565	7.5	303	106	1.07	0.96	1.18	1.11	277	4,ADS 9090A,vD
566	0.5	212	174	0.88	0.73	1.03	0.82	249	3,Br St 5287
567	6.2	168	328	0.76	0.51	1.01	0.67	222	3,Br St 5288
568	2.1	286	7	1.00	0.99	1.01	1.00	268	3,Br St 5304,♀₀,2 Spektren
569	1.8	123	97	0.96	0.86	1.05	0.94	262	3,Schl 4227
570	3.7	200	258	0.81	0.60	1.02	0.73	235	3,Br St 5338
571	0.4	185	697	0.60	0.18	1.01	0.46	151	2,Br St 5340,Schn 301,Arcturus
572	0.5	174	207	0.83	0.66	1.00	0.75	240	3,Schl 4253,vD
573	4.1	146	129	0.91	0.79	1.02	0.87	254	3,Br St 5350,Begl 38",♀₀
574	1.0	115	132	0.96	0.83	1.09	0.94	263	3,Br St 5351
575	6.7	76	199	1.09	0.87	1.31	1.14	279	3,Schl.4263,Begl 13^{m}in 3"
576	1.9	312	69	1.05	0.98	1.12	1.07	275	3,Br St 5365
577	3.8	161	322	0.76	0.53	1.03	0.68	226	4,Corm 1047
578	9.3	224	136	0.92	0.80	1.04	0.88	256	3,Schl 4284
579	5.8	144	106	0.92	0.82	1.02	0.89	257	3,Schl 4291
580	5.0	253	427	1.07	0.62	1.53	1.11	276	2,Schl 4296,Begl 9^{m}1 in 45"
581	1.9	189	223	0.82	0.64	1.01	0.75	237	3,Br St 5404
582	0.5	144	101	0.93	0.84	1.02	0.89	258	3,Br St 5409,vD
583	12.0	56	441	1.54	0.86	2.23	1.92	312	4,Schl 4310
584	1.6	154	437	0.75	0.42	1.08	0.65	218	2,Corm 1050
585	1.1	250	223	0.97	0.76	1.19	0.96	264	2,Schl 4318,vD
586	6.5	127	132	0.94	0.81	1.06	0.91	259	3,Br St 5435
587	1.6	159	145	0.88	0.75	1.01	0.83	250	3,Schl 4327
588	1.2	226	310	0.87	0.60	1.14	0.81	247	2,Schl 4328
589	2.6	333	80	1.08	0.99	1.16	1.12	278	3,Schl 4332
590	1.2	356	126	1.14	1.00	1.29	1.22	285	3,Br St 5447
591	5.8	149	389	0.78	0.48	1.09	0.70	229	4,Schl 4337,Corm 1055
592	9.0	115	527	1.08	0.51	1.65	1.12	278	2,Br St 5455
593	2.8	85	108	1.02	0.91	1.13	1.03	271	1,Kuip 148,vD,80.1 J.,♀₀
594	2.5	166	151	0.87	0.74	1.00	0.82	248	3,Br St 5463,vD
595	4.1	216	144	0.90	0.77	1.03	0.86	253	3,Br St 5487,♀₀
596	2.5	178	131	0.88	0.77	1.00	0.83	250	3,Schl 4381,vD,0",3
597	0.2	162	123	0.90	0.79	1.01	0.85	252	3,Br St 5511
598	7.6	210	433	0.77	0.43	1.11	0.67	224	2,Schl 4392
599	0.0	314	38	1.03	0.99	1.07	1.04	271	4,Schl 4403,Corm 1058
600	3.1	128	98	0.95	0.86	1.04	0.92	261	3,Br St 5530,Begl 231"

Galaktozentrische Bahnelemente von

lfd. Nr.	Name	Ort 1900 α	δ	m	Sp	M	jährl. EB μ_α	μ_δ	π ".001	9 km/sec
601	α_2 Lib	$14^h\ 45^m.4$	$-15°38'$	$2^m.9$	A3	$1^m.5$	$-0".107$	$-0".074$	53	-10
602	Schn 315	45.5	$+\ 7\ 14$	9.4	K0	6.8	-0.596	-0.064	30	-32
603	Schn 317	46.0	$-23\ 53$	7.7	K2	6.8	-0.925	-0.430	67	-65
604	ξ Boo A	46.8	$+19\ 31$	4.8	G6	5.7	$+0.134$	-0.107	147	$+\ 4$
605	Br St 5553	48.9	$+19\ 33$	6.0	K0	5.6	-0.453	$+0.209$	84	-25
606	Schn 322	49.3	$+23\ 45$	8.8	K2	6.9	-0.820	$+0.008$	42	-33
607	β UMi	51.0	$+74\ 34$	2.2	K5	0.5	-0.032	-0.007	45	$+17$
608	HR 5568 A	51.6	$-20\ 58$	5.9	K4	7.1	$+1.041$	-1.745	172	$+20$
609	16 Lib	52.0	$-\ 3\ 56$	4.6	F0	2.5	-0.103	-0.161	38	$+21$
610	Schn 323	52.4	$+54\ 4$	7.9	G5	6.2	-0.971	$+0.492$	47	-15
611	Br St 5581	53.1	$+50\ 2$	5.7	F5	3.1	$+0.108$	-0.231	30	-15
612	Schn 324	54.2	$-21\ 36$	8.5	F5	5.9	-0.590	-0.512	30	$+176$
613	η Cir	56.4	$-63\ 38$	5.2	G5	2.6	$+0.103$	-0.006	30	$+45$
614	$+45°2247$	57.4	$+45\ 49$	9.0	M0	8.3	$+0.262$	$+0.341$	71	-14
615	σ Lib	58.2	$-24\ 53$	3.4	Mb	0.9	-0.073	-0.052	31	$-\ 4$
616	441 Boo	$15^h\ 0.5$	$+48\ 3$	var[x]	G0	4.8	-0.409	$+0.027$	79	-25
617	45 Boo	2.9	$+25\ 16$	5.0	F0	4.0	$+0.183$	-0.177	62	$-\ 8$
618	Schn 327	3.1	$+25\ 18$	9.9	K5	9.3	-0.826	$+0.490$	77	-65
619	$-15°4042$	4.7	$-15\ 54$	9.4	G6	7.4	-0.996	-3.540	40	$+302$
620	23 Lib	7.6	$-24\ 56$	6.4	G5	4.4	-0.398	-0.078	32	$+\ 2$
621	Schn 330	8.3	$+19\ 40$	6.4	G5	3.6	-0.591	$+0.284$	27	-39
622	Schn 331	8.8	$-\ 0\ 58$	6.7	K0	5.6	-1.282	-0.507	61	-70
623	Schn 332	8.8	$-\ 3\ 26$	9.3	M0	6.7	-0.755	$+0.202$	30	-107
624	Schn 333	13.5	$+67\ 44$	5.2	G0	3.5	$+0.218$	-0.394	47	-47
625	5 Ser	14.2	$+\ 2\ 9$	5.2	G0	3.1	$+0.369$	-0.521	39	$+53$
626	$-7°4003$	14.2	$-\ 7\ 21$	10.6	M4	11.5	-1.240	-0.087	151	-30
627	ν^1 Lup	15.1	$-47\ 57$	5.7	G0	4.7	-1.621	-0.275	63	-69
628	H R 5706	15.6	$-\ 2\ 3$	6.5	K0	4.3	-0.256	-0.182	36	-41
629	Schn 339	17.7	$+\ 1\ 47$	8.7	k0	6.3	-0.372	-0.349	33	-30
630	ε Lib	18.8	$-\ 9\ 58$	5.1	F0	2.6	-0.071	-0.160	31	-10
631	η Cr B	19.1	$+30\ 39$	5.6	G0	4.7	$+0.133$	-0.195	65	$-\ 7$
632	μ Boo	20.7	$+37\ 44$	4.5	F0	2.1	-0.147	$+0.080$	33	$-\ 9$
633	ι Dra	22.7	$+59\ 19$	3.5	k0	1.1	-0.008	$+0.009$	32	-10
634	$-8°3981$	22.7	$-\ 8\ 59$	6.8	k0	5.8	$+0.070$	-0.343	73	$+\ 2$
635	β Cr B	23.7	$+29\ 27$	3.7	F0	1.3	-0.181	$+0.081$	32	-21
636	37 Lib	28.7	$-\ 9\ 43$	4.8	K0	1.8	$+0.301$	-0.242	25	$+48$
637	γ Lib	30.0	$-14\ 27$	4.0	k0	1.4	$+0.064$	-0.002	30	-26
638	α Cr B	30.5	$+27\ 3$	var[xx]	A0	0.8	$+0.119$	-0.098	49	$+\ 3$
639	Br St 5825	34.3	$-44\ 20$	4.7	F5	3.5	-0.180	-0.268	57	$-\ 7$
640	Br St 5829	35.0	$+80\ 47$	6.5	G5	4.3	-0.227	$+0.113$	37	-17

[x] 5.3   [xx] 2.3 – 2.4

1026 Fixsternen mit Parallaxen > 0".030

lfd. Nr.	180°−i	v	.001	a	q	q'	U	V km/sec	Bemerkungen
601	1°.3	151°	99	0.94	0.85	1.03	0.91	260	3,BrSt 5531,Begl v.Nr.600, ☾.
602	4.4	159	497	0.71	0.36	1.07	0.60	206	2,Schl 4407
603	6.1	139	391	0.83	0.51	1.16	0.76	239	2,Schl 4413
604	0.0	315	29	1.02	0.99	1.05	1.03	270	1,Kuip 150,vD,150 J, B.
605	1.6	129	118	0.94	0.83	1.05	0.91	260	3,Schl 4432, ☾.
606	4.7	159	493	0.72	0.36	1.07	0.60	207	2,Corm 1063
607	2.5	19	95	1.10	0.99	1.20	1.15	280	3,Br St 5563,Corm 1064
608	8.2	232	184	0.92	0.75	1.09	0.88	256	1,kuip 152,vD,BrSt 5568
609	2.6	198	183	0.86	0.70	1.01	0.79	245	3,Br St 5570
610	5.1	142	453	0.81	0.44	1.18	0.73	234	2,Corm 1065
611	2.2	236	172	0.93	0.77	1.09	0.90	258	3,Schl 4449
612	37.2	195	781	0.63	0.14	1.13	0.50	172	2,Schl 4453
613	2.8	227	192	0.90	0.73	1.07	0.86	254	3,Br St 5593
614	5.1	22	142	1.16	0.99	1.32	1.24	286	4,Schl 4466
615	0.4	163	88	0.92	0.84	1.00	0.89	257	3,Br St 5603
616	2.2	163	230	0.82	0.63	1.01	0.75	237	3,BrSt 5618,vD,219,5 J,Begl sD
617	3.4	272	53	1.00	0.95	1.06	1.01	268	3,Br St 5634, B.
618	6.4	134	342	0.86	0.57	1.16	0.80	245	2,Schl 4495
619	5.8	18	698	3.24	0.98	5.50	5.83	349	2,Schn 329,Schl 4505,Begl 9ᵐ.9++)
620	5.8	151	249	0.84	0.63	1.04	0.76	240	3,Br St 5657
621	8.2	132	452	0.88	0.48	1.27	0.82	247	2,Br St 5659,vD
622	4.7	162	625	0.66	0.25	1.08	0.54	188	2,Schl 4518,Corm 1072,vD
623	36.6	195	49	0.96	0.91	1.00	0.93	261	2,Schl 4519,Corm 1071
624	5.9	228	247	0.89	0.67	1.11	0.84	250	2,Br St 5691,Corm 1073
625	2.6	263	327	1.08	0.73	1.43	1.12	278	2,Br St 5694,Corm 1075,vD
626	0.2	145	235	0.86	0.67	1.06	0.79	244	1,Kuip 154
627	11.7	137	517	0.85	0.41	1.29	0.78	243	2,Schn 337,Br St 5699
628	5.0	159	299	0.79	0.55	1.02	0.70	230	3,—
629	3.8	173	480	0.68	0.35	1.00	0.56	195	2,Schl 4575
630	3.3	176	171	0.86	0.71	1.00	0.79	244	3,Br St 5723, ☾.
631	2.6	234	61	0.97	0.91	1.03	0.95	264	3,Br St 5727,☾.,vD,41,6 J, B.
632	2.1	142	122	0.92	0.81	1.03	0.88	256	3,BrSt 5733,Begl in 108" ist vD
633	1.4	174	44	0.96	0.92	1.00	0.94	262	3,Br St 5744
634	3.1	205	101	0.92	0.83	1.01	0.88	256	4,Schl 4598,Corm 1077,Begl 8ᵐ.1+)
635	0.2	145	177	0.88	0.73	1.04	0.83	250	3,Br St 5747, ☾.
636	6.4	281	319	1.18	0.80	1.56	1.28	287	2,Schn 344,Br St 5777
637	4.1	46	97	1.08	0.97	1.18	1.12	278	3,BrSt 5787,Begl 12ᵐin 42"
638	1.3	299	58	1.03	0.97	1.09	1.05	272	3,Br St 5793, ☾.
639	2.1	159	155	0.88	0.74	1.01	0.82	248	3,Schl 4660
640	0.0	166	222	0.82	0.64	1.01	0.75	238	3,Br St 5829,vD 31"

++) in 301"   +) in 52"

Galaktozentrische Bahnelemente von

	1	2					3			
lfd. Nr.	Name	Ort 1900 α	δ	m	Sp	M	jährl. EB μ_α	μ_δ	π ".001	ϑ km/sec
641	Schn 346	15^h $37^m.8$	$-10°37'$	$7^m.3$	F5	$4^m.9$	-1.141	-0.294	33	-170
642	γ Ser	39.0	$+ 2\ 50$	5.8	G5	4.5	-0.084	-0.157	54	$+ 11$
643	α Ser	39.4	$+ 6\ 44$	2.8	K0	1.0	$+0.134$	$+0.039$	44	$+ 3$
644	Br St 5864	41.0	$-37\ 36$	6.1	G0	5.3	-0.432	-0.220	69	$- 3$
645	λ Ser	41.6	$+ 7\ 40$	4.4	G1	4.3	-0.226	-0.072	95	-66
646	R Cr B	44.5	$+28\ 28$	var.	G0		-0.005	-0.022	39	$+25$
647	ε Ser	45.8	$+ 4\ 47$	3.8	A2	1.7	$+0.124$	$+0.057$	38	$- 9$
648	β Tr A	46.3	$-63\ 7$	3.0	F0	2.6	-0.192	-0.404	85	0
649	39 Ser	48.5	$+13\ 31$	6.2	G0	4.3	-0.153	-0.564	43	$+38$
650	χ Her	49.2	$+42\ 44$	4.6	G0	3.5	$+0.437$	$+0.629$	60	-55
651	Br St 5924	50.2	$+20\ 36$	5.8	K5	3.3	-0.082	$+0.039$	31	-61
652	γ Ser	51.8	$+15\ 59$	3.9	F5	3.3	$+0.307$	-1.292	79	$+ 7$
653	λ Cr B	52.2	$+38\ 14$	5.5	F2	3.2	$+0.035$	$+0.074$	36	-11
654	Schn 352	54.4	$+28\ 1$	8.1	K0	5.9	-0.795	$+0.301$	37	-72
655	ϱ Cr B	57.2	$+33\ 36$	5.4	F8	3.5	-0.200	-0.774	42	$+18$
656	ξ Sco	58.9	$-11\ 6$	4.8	F8	2.7	-0.065	-0.036	39	-32
657	Schl 4783	58.9	$-11\ 10$	7.4	K0	5.5	-0.072	-0.030	39	-34
658	Br St 5983	59.6	$+36\ 54$	5.8	+)	3.3	$+0.007$	-0.025	32	$- 5$
659	Schn 355	59.9	$+25\ 31$	7.1	G0	5.9	-0.515	$+0.688$	57	-36
660	θ Dra	16^h 0.0	$+58\ 50$	4.1	F8	2.5	-0.318	$+0.334$	48	$- 8$
661	Schn 358	2.9	$+34\ 55$	9.9	M1	8.2	$+0.260$	-0.585	46	$+ 9$
662	Schn 359	2.9	$+38\ 55$	8.6	G5	7.2	$+0.226$	-0.545	52	$+24$
663	δ Oph	9.1	$- 3\ 26$	3.0	Ma	0.5	-0.046	-0.149	31	-20
664	18 Sco	10.2	$- 8\ 6$	5.6	G0	4.7	$+0.227$	-0.508	67	$+12$
665	σ Cr B	10.9	$+34\ 7$	5.6	G0	3.9	-0.275	-0.086	46	-11
666	γ^2 Nor	12.4	$-49\ 55$	4.1	K0	2.1	-0.165	-0.059	40	-29
667	ε Oph	13.0	$- 4\ 27$	3.3	K0	0.9	$+0.082$	$+0.035$	33	-10
668	Br St 6091	16.5	$+39\ 57$	5.5	F2	3.2	-0.126	-0.006	35	-30
669	σ Ser	17.0	$+ 1\ 16$	4.8	F0	2.6	-0.162	$+0.048$	37	-46
670	Br St 6094	17.3	$-38\ 58$	5.4	G0	4.0	$+0.078$	-0.010	52	$+10$
671	ζ Tr A	17.7	$-69\ 52$	4.9	G0	4.6	$+0.200$	$+0.100$	86	$+ 8$
672	γ Aps	18.1	$-78\ 40$	3.9	K0	1.4	-0.120	-0.074	31	$+ 5$
673	η UMi	20.4	$+75\ 59$	5.0	F0	2.7	-0.079	$+0.248$	34	-10
674	Gron 20	21.1	$+48\ 36$	10.3	M2	10.9	$+1.150$	-0.441	132	-29
675	η Dra	22.6	$+61\ 44$	2.9	G0	0.5	-0.023	$+0.058$	33	-14
676	$+ 3°3203$	23.6	$+ 3\ 29$	9.0	K0	6.4	0.000	-0.530	30	$+22$
677	$-12°4523$	24.7	$-12\ 25$	9.8	M4	11.8	-0.122	-1.160	255	-18
678	Schn 366	24.8	$-38\ 47$	7.5	G5	5.8	-0.447	-0.302	46	-59
679	$+ 3°3215$	27.9	$+ 3\ 28$	9.5	K0	7.6	-0.356	-0.184	42	-58
680	β Aps	28.8	$-77\ 18$	4.2	K0	1.6	-0.284	-0.350	30	-30

+) Zwei Spektren F5, A2

1026 Fixsternen mit Parallaxen > 0."030

	4			5				6
lfd. Nr.	180°−i	v	e .001	Sonne = 1 a	q	q'	U	V km/sec	Bemerkungen

lfd. Nr.	180°−i	v	e.001	a	q	q'	U	V	Bemerkungen
641	3.°5	149°	321	0.81	0.55	1.07	0.73	233	2,Schl 4679
642	1.3	206	104	0.92	0.82	1.01	0.88	256	3,Br St 5853,vD
643	1.0	349	111	1.12	1.00	1.25	1.19	282	3,Br St 5854, B.
644	1.5	165	211	0.83	0.66	1.01	0.76	240	3,Schl 4695
645	9.2	136	237	0.88	0.67	1.09	0.82	250	1,Kuip 156,Br St 5868
646	3.9	324	87	1.08	0.99	1.17	1.12	279	3,Br St 5880,var 5.^{m}8 - 13.^{m}8
647	2.6	10	115	1.13	1.00	1.26	1.20	283	3,Br St 5892
648	2.3	158	134	0.89	0.77	1.01	0.84	252	3,Br St 5697
649	4.7	216	322	0.83	0.56	1.09	0.75	237	2,Schn 347,Br St 5911, g_o?
650	13.3	50	240	1.23	0.93	1.52	1.36	291	2,Br St 5914,Schn 348
651	8.3	143	234	0.86	0.66	1.06	0.80	245	3,Corm 1084
652	6.8	223	308	0.85	0.59	1.12	0.79	244	2,Schn 350,Br St 5933, g_o
653	2.3	59	43	1.02	0.98	1.07	1.03	271	3,Br St 5936
654	6.1	153	568	0.73	0.32	1.14	0.62	213	2,Schl 4759,Corm 1085
655	6.0	216	392	0.81	0.49	1.12	0.72	233	2,Schn 354,Br St 5968
656	2.9	122	127	0.95	0.83	1.07	0.93	261	3,Br St 5977,vD dreifach
657	2.7	121	130	0.95	0.82	1.07	0.92	261	3,vD,280 südl.656,1.BrSt ohne Nr.
658	1.1	193	35	0.97	0.93	1.00	0.95	264	3,Schl 4786,g_o,Sp F5,A2
659	2.9	102	294	1.03	0.72	1.33	1.04	270	2,Schl 4789
660	1.8	136	202	0.89	0.71	1.07	0.84	252	3,Br St 5986, g_o
661	4.4	351	507	2.02	1.00	3.04	2.87	329	2,Schl 4803
662	0.8	286	227	1.12	0.87	1.37	1.18	282	2,Schl 4802
663	3.8	172	176	0.85	0.70	1.00	0.79	244	3,Br St 6056
664	5.4	228	141	0.92	0.79	1.06	0.89	257	3,Br St 6060
665	2.6	176	196	0.84	0.67	1.00	0.76	240	3,Br St 6063,vD,hell.komp.sD
666	2.0	105	132	0.98	0.86	1.11	0.98	266	3,Br St 6072
667	2.1	24	76	1.07	0.99	1.16	1.11	278	3,Br St 6075
668	2.2	168	216	0.83	0.65	1.01	0.75	238	3,vD
669	1.4	133	214	0.90	0.70	1.09	0.85	252	3,Br St 6093, g_o?
670	1.1	275	43	1.01	0.96	1.05	1.01	270	3,Schl 4886, B.
671	1.3	310	60	1.04	0.98	1.10	1.06	274	3,Br St 6098,g_o, B.
672	0.9	167	146	0.88	0.75	1.00	0.82	249	3,Br St 6102, g_o
673	2.5	138	167	0.90	0.75	1.05	0.86	253	3,Br St 6616
674	10.5	301	91	1.06	0.96	1.15	1.08	275	1,Kuip 157
675	1.8	162	86	0.92	0.84	1.00	0.89	257	3,Br St 6132,vD
676	6.1	210	388	0.78	0.48	1.08	0.69	227	2,Schl 4921,Corm 1088
677	4.1	166	140	0.88	0.76	1.01	0.83	249	1,Kuip 158,sD
678	1.5	138	350	0.84	0.55	1.14	0.77	241	2,Schl 4927
679	2.5	162	405	0.74	0.44	1.03	0.63	215	4,Schl 4944,sD
680	2.9	132	313	0.88	0.60	1.15	0.82	247	2,Br St 6163

342 Galaktozentrische Bahnelemente von

lfd. Nr.	Name	Ort 1900 α	δ	m	Sp	M	jährl. EB μ_α	μ_δ	π .001	ϱ km/sec
681	12 Oph	16^h $31^m.1$	$- 2° 7'$	$5^m.9$	K0	$5^m.7$	+ 0.451	- 0".317	90	- 15
682	- 2°.4230	35.9	- 2 39	7.1	G2	5.7	- 0.037	- 0.438	47	- 43
683	ζ Her A/B	37.5	+ 31 47	3.1	G0	3.3	- 0.470	+ 0.385	113	- 71
684	39 Her	37.6	+ 27 7	5.9	F2	3.3	- 0.001	- 0.049	30	- 13
685	η Her	39.5	+ 39 7	3.6	K0	2.0	+ 0.035	- 0.090	48	+ 8
686	+ 33°.2777	41.4	+ 33 41	8.2	K6	8.5	- 0.050	+ 0.365	113	- 31
687	Br St 6237	43.4	+ 56 58	4.9	F0	3.1	+ 0.019	+ 0.062	43	0
688	Br St 6238	43.6	+ 79 6	6.4	K0	4.7	- 0.022	+ 0.033	46	- 18
689	ε Sco	43.7	- 34 7	2.4	K0	0.7	- 0.613	- 0.256	47	- 2
690	20 Oph	44.3	- 10 36	4.7	F5	2.7	+ 0.090	- 0.100	40	0
691	+ 37°.2804	45.1	+ 37 12	8.2	K0	6.4	- 0.070	- 0.374	45	+ 4
692	Schn 377	48.0	+ 0 12	6.8	G5	5.9	- 0.744	- 1.485	66	+ 41
693	Ross 644	49.9	+ 12 4	10.5	M1	9.3	- 0.552	+ 0.345	58	- 61
694	- 8°.4352 A	50.1	- 8 9	9.9	M3	10.8	- 0.795	- 0.887	148	+ 11
695	Schn 380	53.8	+ 62 16	7.0	G5	4.7	- 0.314	- 0.047	35	- 83
696	+ 25°.3173	54.1	+ 25 55	10.0	M2	10.3	- 0.107	- 0.549	114	+ 11
697	ε¹ Ara	55.2	- 53 5	5.4	F8	3.1	- 0.007	- 0.148	35	+ 7
698	19 Dra	55.5	+ 65 17	4.8	F5	3.8	+ 0.237	+ 0.044	64	- 23
699	Br St 6328	57.2	+ 27 21	6.4	F5	3.9	- 0.017	- 0.068	31	- 31
700	+ 17°.3154	59.3	+ 17 20	8.8	G1	6.4	- 2.310	- 0.190	33	- 51
701	+ 47°.2420	59.8	+ 47 12	6.7	G0	5.9	+ 0.127	+ 0.850	70	- 45
702	Schn 385	59.9	- 4 53	7.9	K5	7.5	- 0.916	- 1.144	83	+ 28
703	Schn 386	17^h 0.0	- 4 55	9.7	M3	9.7	- 0.911	- 1.104	100	+ 30
704	Br St 6349	0.2	+ 0 51	5.9	G0	4.4	- 0.009	- 0.342	51	- 18
705	Schn 387	2.0	+ 59 42	9.1	K0	7.2	- 0.361	+ 0.234	41	- 74
706	μ Dra	3.3	+ 54 36	5.8	F5	4.1	- 0.075	+ 0.080	46	- 17
707	Br St 6375	4.3	- 10 24	5.6	F5	3.2	+ 0.059	+ 0.109	33	- 4
708	η Oph	4.6	- 15 36	2.6	A2	0.7	+ 0.035	+ 0.090	42	- 1
709	η Sco	5.0	- 43 6	3.4	F2	2.5	+ 0.019	- 0.292	66	- 28
710	ζ Dra	8.5	+ 65 50	3.2	B5	1.2	- 0.018	+ 0.019	40	- 14
711	Br St 6398	8.8	- 38 28	6.1	F9	4.1	- 0.187	- 0.414	40	- 51
712	+ 45°.2505 A	9.2	+ 45 50	10.0	M3	10.8	+ 0.250	- 1.575	143	- 19
713	36 Oph A	9.2	- 26 27	5.2	K2	6.4	- 0.464	- 1.146	179	- 1
714	Schn 390	9.9	+ 42 28	9.4	M1	6.9	- 0.922	- 0.503	32	+ 6
715	δ Her	10.9	+ 24 57	3.2	A2	0.7	+ 0.024	- 0.162	31	- 39
716	Br St 6416	11.5	- 46 32	5.6	K0	6.2	+ 0.975	+ 0.213	132	+ 19
717	Br St 6426	12.1	- 34 53	6.3	K3	7.1	+ 1.167	- 0.176	147	0
718	ξ Oph	15.0	- 21 0	4.5	F5	3.4	+ 0.231	- 0.213	62	- 9
719	+ 9°.3366	15.4	+ 9 34	8.2	G0	6.1	- 0.018	- 0.309	38	- 12
720	Ross 868	16.0	+ 26 42	11.2	M5	11.8	- 0.146	+ 0.448	130	- 28

1026 Fixsternen mit Parallaxen > 0."030

	4			5				6
lfd. Nr.	180° -i	v	e .001	Sonne=1 a	q	q'	U	V km/sec	Bemerkungen
681	7°.1	342°	6	1.01	1.00	1.01	1.01	268	3,Br St 6171
682	9.4	169	301	0.78	0.54	1.01	0.66	226	4,Schl 4978
683	7.0	155	358	0.78	0.50	1.05	0.68	226	1,Kuip 159/160,vD,34,4 J,g_o,sD
684	2.0	180	82	0.92	0.85	1.00	0.89	257	3,Br St 6213,sD,g_o
685	0.4	307	67	1.04	0.97	1.11	1.07	273	3,Br St 6220, B.
686	3.3	136	137	0.92	0.79	1.04	0.87	255	1,Kuip 161
687	0.4	45	29	1.02	0.99	1.05	1.03	270	3,Schl 5016,g_o,?
688	1.8	185	117	0.90	0.79	1.00	0.85	252	3,Schl 5018
689	8.5	174	356	0.74	0.48	1.01	0.64	215	2,Br St 6241,Schn 375
690	3.0	235	28	0.98	0.96	1.01	0.98	266	3,Br St 6243, B.
691	0.9	227	171	0.91	0.76	1.06	0.87	255	4,Schl 5025
692	3.6	199	610	0.67	0.26	1.08	0.55	192	2,Schl 5042,Corm 1096
693	3.7	137	333	0.85	0.57	1.14	0.79	242	4,—
694	2.4	194	239	0.82	0.62	1.01	0.74	236	1,Kuip 162,vD,sD,Begl in 72"
695	5.1	182	551	0.64	0.29	1.00	0.52	179	2,Schl 5062
696	0.9	238	103	0.96	0.86	1.06	0.94	263	1,Schl 5066,Corm 1097
697	2.7	179	118	0.90	0.79	1.00	0.85	251	3,Br St 6314
698	1.0	185	59	0.94	0.89	1.00	0.92	261	3,Br St 6315,g_o
699	4.0	172	188	0.84	0.68	1.00	0.77	243	3,Schl 5081
700	82.1	143	268	0.85	0.62	1.08	0.78	242	4,—
701	6.5	113	248	0.96	0.72	1.20	0.94	262	4,Schl 5095,Corm 1100
702	6.0	196	467	0.71	0.38	1.04	0.59	204	2,Schl 5096,Begl v. Schl 5098
703	5.4	201	364	0.75	0.46	1.04	0.65	219	2,Schl 5098,Begl v. Schl 5096
704	4.8	182	205	0.83	0.66	1.00	0.76	239	3,Schl 5099
705	3.7	172	518	0.67	0.32	1.01	0.54	188	2,Schl 5106,Corm 1103/04,vD
706	0.9	165	130	0.89	0.77	1.00	0.84	251	3,Br St 6369,vD u.Begl 13^{m}in 12"
707	3.5	189	60	0.94	0.89	1.00	0.92	260	3,Schl 5115
708	0.6	9	76	1.08	1.00	1.16	1.12	279	3,Br St 6378,vD
709	2.6	117	126	0.96	0.84	1.08	0.94	262	3,Br St 6380
710	1.3	180	90	0.92	0.84	1.00	0.88	256	3,Br St 6396,Corm 1107
711	2.3	148	348	0.80	0.52	1.08	0.72	232	3,Schl 5125
712	4.9	226	222	0.89	0.69	1.09	0.84	250	1,Kuip 165,vD,13.4 J
713	1.7	180	217	0.82	0.64	1.00	0.74	237	1,Kuip 167,vD,Begl 3' nördl.
714	31.7	204	438	0.74	0.41	1.06	0.63	216	2,Schl 5131,Corm 1109
715	7.3	179	231	0.81	0.62	1.00	0.72	234	3,Br St 6410,g_o,Begl 8^{m}in 10"
716	5.4	331	191	1.21	0.98	1.44	1.33	290	1,Schl 5140,vD,240 J
717	7.8	357	150	1.18	1.00	1.35	1.27	287	1,Kuip 172,3fach,42 J
718	5.2	145	34	0.97	0.94	1.00	0.96	265	3,Br St 6445
719	4.4	193	227	0.82	0.63	1.01	0.74	237	2,Schl 5165
720	1.1	134	143	0.92	0.79	1.05	0.88	256	1,Kuip 175,Ross 867 in 16"

Galaktozentrische Bahnelemente von

lfd. Nr.	Name	Ort 1900 α	δ	m	Sp	M	jährl. EB μ_α	μ_δ	π .001	ς km/sec
721	Schn 393	17^h $16^m.1$	+ 1°32'	$7^m.0$	G0	$4^m.8$	- 0.180	+ 0.265	36	-161
722	72 Her	16.9	+ 32 36	5.4	G0	4.8	+ 0.126	- 1.047	76	- 79
723	Br St 6467	17.9	+ 48 17	6.3	F2	4.3	+ 0.188	- 0.027	40	+ 31
724	44 Oph	20.3	- 24 5	4.3	F0	2.3	0.000	- 0.123	40	- 37
725	+ 2°3312	20.8	+ 2 14	7.5	K7	8.0	- 0.582	- 1.195	124	- 29
726	Schn 395	22.9	+ 31 9	8.9	G7	7.5	- 0.411	+ 0.084	52	- 73
727	Br St 6518	25.3	+ 67 23	6.3	K0	5.6	- 0.529	0.000	73	- 40
728	Br St 6516	25.3	- 0 59	5.3	Q5	4.0	- 0.121	- 0.173	54	- 77
729	51 Oph	25.3	- 23 53	4.9	A0	2.7	+ 0.001	- 0.034	36	- 12
730	+ 29°3029	25.5	+ 29 29	9.9	M0	8.6	- 0.261	- 0.290	55	- 7
731	Br St 6541	29.0	+ 19 20	5.6	F5	3.1	- 0.034	- 0.097	32	- 59
732	+ 6°3455	29.9	+ 6 4	8.5	G	6.7	- 0.470	+ 0.404	44	-148
733	+ 6°3456	29.9	+ 6 6	7.9	F8	5.7	- 0.009	- 0.049	37	+ 3
734	τ Ara	29.9	- 54 26	5.3	A3	3.9	- 0.043	- 0.153	53	- 4
735	α Oph	30.3	+ 12 38	2.1	A5	0.6	+ 0.117	- 0.232	49	+ 15
736	ξ Ser	31.9	- 15 20	3.6	A5	1.1	- 0.042	- 0.066	31	- 43
737	λ Ara	32.7	- 49 21	4.8	F5	2.8	+ 0.072	- 0.179	40	+ 4
738	Kuip 180	33.4	+ 18 37	9.8	M0	10.1	+ 0.950	+ 1.020	113	- 10
739	26 Dra	34.0	+ 61 57	5.3	F8	4.2	+ 0.253	- 0.513	60	- 13
740	+ 68°941	35.8	+ 68 52.	8.6	K2	6.7	- 0.074	+ 0.131	42	- 56
741	μ Ara	36.2	- 51 47	5.3	G5	3.6	- 0.021	- 0.197	47	- 12
742	+ 68°946	37.0	+ 68 26	9.1	M3	10.8	- 0.362	- 1.260	213	- 17
743	58 Oph	37.4	- 21 38	4.9	F5	3.4	- 0.093	- 0.049	56	+ 11
744	Br St 6594	37.5	+ 16 0	5.6	F5	3.1	+ 0.006	+ 0.096	32	- 44
745	ω Dra	37.5	+ 68 48	4.9	F5	2.8	+ 0.003	+ 0.322	39	- 14
746	Schn 406	39.0	+ 21 40	7.4	K0	6.1	- 0.107	- 0.610	55	+ 20
747	X Sgr	41.3	- 27 48	var[x)]		2.3	- 0.003	- 0.014	31	- 14
748	μ Her A	42.5	+ 27 47	3.5	G7	3.7	- 0.313	- 0.748	109	- 16
749	Schn 407	42.8	+ 4 59	9.0	KC	7.0	- 0.660	- 0.231	40	- 93
750	η Oph	42.9	+ 2 45	3.7	A0	1.2	- 0.024	- 0.076	32	- 5
751	ψ Dra	43.7	+ 72 12	4.9	F5	3.3	+ 0.017	- 0.268	47	- 11
752	Br St 6670	48.4	+ 6 7	5.8	F5	3.4	- 0.127	+ 0.069	40	- 31
753	ζ Dra	51.8	+ 56 53	3.9	K0	1.4	+ 0.093	+ 0.074	31	- 26
754	+ 4°3561	52.9	+ 4 25	9.5	M5	13.1	- 0.715	+10.200	543	-110
755	- 13°4807	53.0	- 13 4	9.4	G3	7.0	- 0.465	- 0.690	33	+198
756	ζ Ser	55.2	- 3 41	4.6	F0	2.6	+ 0.144	- 0.048	40	- 43
757	τ Oph	57.6	- 8 11	5.3	F0	2.8	+ 0.024	- 0.041	32	- 40
758	Schn 410	58.4	+ 26 20	7.1	K0	5.7	+ 0.389	- 0.613	54	+ 23
759	- 3°4233	59.8	- 3 2	9.2	M2	9.8	+ 0.574	- 0.232	131	+ 34
760	70 Oph A	18^h 0.4	+ 2 31	4.2	K1	5.7	+ 0.256	- 1.097	196	- 7

x) 4.8 -5.9

1026 Fixsternen mit Parallaxen > 0.″030

	4			5				6
lfd. Nr.	$180°$ $-i$	v	$.001$	a	Sonne - 1 q	q'	U	V km/sec	Bemerkungen

lfd. Nr.	$-i$	v	.001	a	q	q'	U	V km/sec	Bemerkungen
721	4.°7	125°	589	1.01	0.42	1.61	1.02	269	2,Schl 5170
722	17.5	188	451	0.70	0.38	1.01	0.58	200	2,Schn 394,Br St 6458
723	5.3	279	112	1.03	0.92	1.15	1.05	273	3,Schl 5180
724	2.5	130	165	0.92	0.77	1.07	0.88	256	3,Br St 6486
725	2.7	181	374	0.73	0.46	1.00	0.63	212	1,Kuip 177
726	0.6	165	456	0.71	0.38	1.03	0.59	204	2,Schl 5204
727	2.1	183	346	0.74	0.48	1.00	0.64	217	3,Schl 5219
728	4.9	150	368	0.79	0.50	1.08	0.70	229	2,Schl 5217,vD,46 J
729	0.9	131	54	0.97	0.91	1.02	0.95	264	3,Br St 6519
730	2.4	198	197	0.84	0.68	1.01	0.78	241	4,Schl 5222,vD
731	6.2	165	327	0.77	0.52	1.02	0.67	223	3,Schl 5234
732	4.4	140	622	0.85	0.32	1.38	0.79	244	2,Schl 5245,opt.mit 0.°3456
733	0.2	228	29	0.99	0.96	1.02	0.98	266	4,Schl 5244,opt.m.+6.°3455 +)
734	0.4	158	83	0.93	0.85	1.01	0.89	257	3,Br St 6549
735	2.8	277	101	1.02	0.92	1.12	1.03	271	3,Br St 6556,g_o, B.
736	1.4	139	203	0.88	0.70	1.06	0.83	250	3,Br St 6561,g_o
737	3.4	177	111	0.90	0.80	1.00	0.85	253	3,Br St 6569
738	4.3	28	366	1.53	0.97	2.09	1.89	310	1,Schl 5258
739	5.0	278	153	1.05	0.89	1.21	1.07	274	3,BrSt 6573,vD,81 J,Begl 12^m ++)
740	6.4	177	347	0.74	0.49	1.00	0.64	216	4,Schl 5270
741	1.1	147	120	0.91	0.80	1.02	0.87	255	3,Br St 6585
742	0.0	229	142	0.93	0.79	1.06	0.89	256	1,Kuip 181
743	1.3	223	65	0.96	0.89	1.02	0.94	263	3,Br St 6595
744	2.1	134	190	0.90	0.73	1.07	0.85	253	3,Schl 5285,vD
745	2.5	136	180	0.90	0.74	1.00	0.85	253	3,Br St 6596,g_o
746	4.6	237	223	0.92	0.72	1.13	0.89	256	2,Schl 5294
747	0.2	118	56	0.98	0.92	1.03	0.96	266	3,Br St 6616,g_o
748	1.2	197	233	0.82	0.63	1.01	0.74	237	1,Kuip 184,vD,Begl vD,43 J
749	11.2	169	631	0.63	0.23	1.03	0.50	174	2,Schl 5310,Corm 1133
750	0.7	187	92	0.92	0.83	1.00	0.88	256	3,Br St 6629,sD
751	1.1	259	108	0.99	0.88	1.10	0.99	267	3,BrSt 6636,Begl 6^{m}in 31″, B.
752	2.3	143	164	0.89	0.74	1.04	0.84	252	3,Schl 5331,sD
753	5.2	156	115	0.91	0.80	1.01	0.87	254	3,Br St 6688,g.
754	4.7	269	511	1.34	0.66	2.03	1.56	301	1,Kuip 187,Barnardstern
755	6.2	244	759	1.59	0.38	2.80	2.00	313	2,Schl 5354,vD
756	5.7	128	167	0.92	0.77	1.08	0.89	257	3,Br St 6710,sD
757	2.3	138	178	0.90	0.74	1.06	0.85	252	3,BrSt 6733,vD,224 J,sD
758	8.1	300	243	1.20	0.90	1.49	1.30	288	2,Schl 5395
759	3.4	322	198	1.20	0.96	1.44	1.31	290	1,Kuip 188
760	4.4	193	148	0.88	0.75	1.01	0.82	248	1,Kuip 189,vD,88 J

+) Begl 11^{m}in 28″   ++) 740″, B.

346 Galaktozentrische Bahnelemente von

lfd. Nr.	Name	α Ort 1900		m	Sp	M	jährl. EB μ_α μ_δ	$\frac{\pi}{.001}$	ϱ km/sec
761	Schn 411	18^h $0^m\!.7$	+ 4°39'	$6^m\!.8$	G0	$5^m\!.3$	− 0".014 − 0".299	51	−124
762	ι Pav	1.1	− 62 1	5.5	G0	2.9	− 0.084 + 0.220	49	+ 29
763	72 Oph	2.6	+ 9 33	3.7	A0	1.7	− 0.062 + 0.078	40	− 24
764	99 Her	3.2	+ 30 33	5.2	F8	3.7	− 0.098 + 0.067	51	+ 1
765	Br St 6797	4.9	+ 3 6	5.7	F5	3.2	+ 0.016 − 0.195	31	− 15
766	Br St 6806	6.3	+ 38 27	6.4	K2	6.4	− 0.310 − 0.475	98	− 18
767	36 Dra	13.3	+ 64 22	5.0	F5	3.2	+ 0.346 + 0.031	44	− 35
768	− 1°.3474	14.6	− 1 58	10.4	M1	10.0	− 0.009 − 0.023	83	− 23
769	δ Sgr	14.6	− 29 52	2.8	K0	0.3	+ 0.038 − 0.032	32	− 20
770	η Ser	16.1	− 2 55	3.4	K0	1.8	− 0.556 − 0.700	48	+ 9
771	Schn 419	21.4	+ 8 44	7.9	G5	5.6	− 0.207 − 0.465	35	− 23
772	λ Sgr	21.8	− 25 29	2.9	K0	0.7	− 0.047 − 0.188	36	+ 43
773	χ Dra	22.9	+ 72 41	3.6	F8	4.3	+ 0.522 − 0.361	122	+ 33
774	− 18°.4986	25.5	− 18 58	7.0	K2	6.8	− 0.189 − 0.146	90	− 50
775	− 11°.4672	27.9	− 11 42	8.8	M0	7.5	− 0.290 − 0.290	57	− 83
776	ζ Pav	31.4	− 71 31	4.1	K0	1.5	0.000 − 0.163	30	− 17
777	Br St 6985	31.7	+ 9 3	5.4	F2	2.8	− 0.006 − 0.128	30	− 22
778	+ 45°.2743	32.4	+ 45 39	10.2	M0	9.9	+ 0.453 + 0.329	86	− 28
779	Br St 6998	32.9	− 21 8	5.9	G5	4.8	− 0.061 − 0.154	60	+ 35
780	α Lyr	33.6	+ 38 41	0.2	A0	0.6	+ 0.200 + 0.281	121	− 14
781	Schn 423	34.4	+ 28 51	8.2	G5	6.4	− 0.039 − 0.468	44	+ 28
782	Br St 7012	35.6	− 64 58	4.9	A2	2.3	+ 0.018 − 0.159	30	+ 5
783	+ 66°.1117	36.4	+ 66 50	7.6	K0	5.4	+ 0.067 − 0.060	36	− 6
784	Schn 425	37.1	+ 31 28	8.7	K3	6.2	− 0.052 − 0.819	32	+ 33
785	110 Her	41.3	+ 20 27	4.3	F5	2.9	− 0.014 − 0.338	53	+ 23
786	+ 59°.1915 A	41.7	+ 59 29	8.9	M3	11.2	− 1.340 + 1.845	282	0
787	111 Her	42.6	+ 18 4	4.4	A3	2.2	+ 0.067 + 0.110	37	− 45
788	Ross 154	43.6	− 23 56	10.5	K5	13.2	+ 0.644 − 0.185	350	− 4
789	+ 10°.3665	43.8	+ 10 39	7.8	K0	6.7	+ 0.115 − 0.446	60	− 18
790	+ 17°.3729	44.5	+ 17 20	9.0	M0	7.8	− 0.391 − 0.428	58	− 17
791	Ross 142	45.0	+ 2 59	10.5	M2	9.6	− 0.120 − 0.440	67	+ 4
792	Ross 160	47.5	+ 16 29	10.5	M1	10.1	− 0.277 − 0.543	84	− 11
793	γ^2 Sgr	49.1	− 22 48	5.0	K0	2.8	+ 0.100 − 0.029	37	−110
794	Br St 7123	49.4	+ 52 51	5.6	G5	4.1	− 0.048 + 0.268	49	+ 2
795	− 5°.4811	50.6	− 5 52	8.2	G5	6.5	− 0.193 − 0.374	46	− 77
796	η Sct	51.7	− 5 58	5.0	K0	2.0	+ 0.061 − 0.037	25	− 93
797	Schn 430	53.1	+ 5 48	9.3	K5	8.8	− 0.215 − 1.230	79	+ 19
798	Br St 7162	53.3	+ 32 46	5.2	G0	4.2	+ 0.165 − 0.161	63	− 47
799	11 Aql	54.5	+ 13 29	5.4	F5	3.0	+ 0.009 − 0.126	34	+ 16
800	ζ Sgr	56.2	− 30 1	2.7	A2	0.2	− 0.019 − 0.005	32	+ 22

1026 Fixsternen mit Parallaxen > 0.″030

	4			5				6
lfd Nr	180°-i	v	e .001	Sonne = 1 a	q	q'	U	V km/sec	Bemerkungen
761	11.°0	158°	568	0.70	0.30	1.10	0.59	202	2,Schl 5408
762	0.9	274	136	1.03	0.89	1.17	1.04	272	3,Br St 6761, ϱ_0
763	1.1	138	123	0.92	0.81	1.04	0.89	257	3,BrSt 6771,Begl 14^{m}in 25″ +)
764	2.1	79	10	1.00	0.99	1.01	1.00	268	3,Br St 6775,vD,55 J
765	2.2	181	206	0.83	0.66	1.00	0.75	239	3,Br St 6797,vD
766	0.0	197	201	0.84	0.67	1.01	0.75	241	1,Kuip 191
767	10.7	186	30	0.97	0.94	1.00	0.96	264	3,Br St 8650
768	0.4	140	107	0.93	0.83	1.03	0.90	257	4,—
769	0.9	117	57	0.98	0.92	1.03	0.97	266	3,Br St 6859
770	5.1	199	457	0.71	0.38	1.03	0.60	205	2,Br St 6869
771	1.7	190	432	0.71	0.40	1.01	0.59	204	2,Schl 5536,Corm 1157,Begl 8.^{m}5 ++)
772	0.2	151	259	0.83	0.62	1.04	0.76	240	3,Br St 6913
773	0.7	358	332	1.50	1.00	2.00	1.83	309	1,Br St 6927, ϱ_0
774	2.4	138	230	0.87	0.67	1.07	0.82	247	4,Schl 5563
775	3.9	156	440	0.74	0.41	1.07	0.64	215	2,Schl 5577
776	0.4	128	133	0.94	0.82	1.06	0.91	259	3,Br St 6982
777	2.4	177	188	0.84	0.69	1.00	0.77	241	3,Schl 5598
778	6.0	129	136	0.93	0.80	1.06	0.90	258	4,Schl 5601
779	1.1	256	138	0.98	0.85	1.12	0.98	267	3,Schl 5603
780	1.5	134	80	0.95	0.88	1.02	0.92	261	1,Kuip 154,BrSt 7001,**Wega**
781	1.7	278	221	1.09	0.85	1.33	1.13	278	2,Schl 5611
782	2.3	167	156	0.87	0.73	1.00	0.81	247	3,Schl 5618
783	2.6	284	26	1.01	0.98	1.03	1.01	269	4,Schl 5621
784	9.6	271	425	1.23	0.71	1.76	1.37	292	2,Schl 5629,Begl 12^{m}in 9″
785	1.7	282	143	1.06	0.90	1.21	1.08	275	3,Br St 7061, B.
786	6.0	128	112	0.94	0.84	1.05	0.91	259	1,Kuip 195,vD
787	1.9	140	218	0.87	0.68	1.06	0.82	247	3,Br St 7069, ϱ_0
788	1.7	90	0	1.00	1.00	1.00	1.00	268	1,Kuip 197
789	6.0	186	209	0.83	0.66	1.00	0.75	239	4,Schl 5663,Corm 1168
790	2.8	195	300	0.78	0.55	1.01	0.69	227	4,Schl 5670,Corm 1169
791	1.4	207	178	0.87	0.71	1.02	0.81	247	4,Schl 5674
792	0.2	197	217	0.83	0.65	1.01	0.76	239	4,—
793	2.4	118	402	0.97	0.58	1.36	0.95	264	2,Br St 7120, ϱ_0
794	2.8	89	82	1.01	0.93	1.09	1.01	269	3,Schl 5704
795	2.2	170	534	0.66	0.31	1.01	0.66	188	2,Schl 5716,Corm 1174
796	1.0	143	407	0.81	0.48	1.14	0.73	233	2,Br St 7149
797	5.5	218	328	0.83	0.56	1.10	0.75	238	2,Schl 5737
798	6.2	172	271	0.79	0.58	1.00	0.70	229	3,Schl 5738,vD,62 J
799	2.1	284	89	1.03	0.94	1.12	1.05	272	3,Br St 7172, B.
800	0.8	281	84	1.02	0.93	1.11	1.03	271	3,Br St 7194,vD, ϱ_0

+) hellere sD   ++) in 600″

Galaktozentrische Bahnelemente von

lfd. Nr.	*1* Name	*2* Ort 1900 α	δ	m	Sp	M	*3* jährl. EB μ_α	μ_δ	$\frac{\pi}{.001}$	$\frac{9}{km/sec}$
801	o Sgr	18^h 58^m.7	− 21°53'	3^m.9	K0	1^m.3	+ 0^s.078	− 0^s.062	30	+ 25
802	γ' Cr A	59.7	− 37 12	5.0	F8	3.8	+ 0.091	− 0.276	56	− 52
803	τ Sgr	19^h 0.7	− 27 49	3.4	K0	1.3	− 0.054	− 0.255	37	+ 45
804	ʃ Aql	0.8	+ 13 43	3.0	A0	0.9	− 0.009	− 0.101	38	− 25
805	Schn 435	2.3	+ 7 29	9.5	K0	7.0	− 0.298	− 0.754	31	+ 12
806	α Cr A	2.7	− 38 4	4.1	A2	1.6	+ 0.087	− 0.102	32	− 18
807	Ross 730	2.9	+ 20 44	10.7	M1	11.0	− 0.461	− 0.335	115	+ 34
808	Ross 731	2.9	+ 20 43	10.7	M2	11.7	− 0.495	− 0.340	159	+ 35
809	Br St 7260	3.5	+ 16 42	6.0	G5	4.7	+ 0.053	− 0.310	56	+ 14
810	17 Lyr	3.8	+ 32 21	11.8	M5	12.3	+ 1.255	+ 1.085	127	− 31
811	19 Aql	4.1	+ 5 55	5.4	F2	2.8	− 0.015	− 0.078	30	− 45
812	Br St 7267	4.2	+ 16 42	6.5	F5	4.6	− 0.032	− 0.099	41	+ 10
813	Br St 7272	5.4	+ 34 26	6.5	G5	4.5	+ 0.049	+ 0.191	39	− 42
814	Wolf 1062	7.0	+ 2 44	11.3	M4	11.4	+ 1.900	− 0.439	105	− 40
815	Schn 440	9.5	+ 49 39	6.6	G5	4.8	− 0.210	+ 0.632	45	− 41
816	+ 4°4048	12.1	+ 5 2	9.2	M3	10.4	− 0.640	− 1.315	170	+ 33
817	59 Dra	12.8	+ 76 24	5.1	F0	3.2	+ 0.047	− 0.121	41	− 4
818	q' Sgr	15.9	− 18 2	4.0	A5	2.0	− 0.027	+ 0.023	40	+ 1
819	+ 33°3433	18.6	+ 33 41	9.5	K6	7.0	+ 0.105	+ 0.700	31	− 63
820	χ' Sgr	19.2	− 24 42	5.0	A5	2.5	+ 0.052	− 0.058	31	− 42
821	31 Aql	20.2	+ 11 44	5.2	G5	4.2	+ 0.719	+ 0.636	64	−100
822	τ Dra	20.2	+ 65 31	4.6	A2	2.0	+ 0.013	+ 0.041	31	− 29
823	δ Aql	20.5	+ 2 55	3.4	F0	2.3	+ 0.255	+ 0.079	59	− 32
824	Schn 443	21.3	+ 24 44	6.2	F8	3.7	− 0.184	− 0.631	31	− 5
825	Schn 445	26.4	− 28 13	7.0	G0	4.7	+ 0.061	− 0.741	35	− 42
826	μ Aql	29.2	+ 7 10	4.6	K0	2.0	+ 0.211	− 0.157	30	− 24
827	+ 4°4157	29.6	+ 4 21	10.5	K5	10.7	+ 0.512	+ 0.272	112	− 52
828	Schn 449	29.7	+ 32 59	6.6	G0	4.5	− 0.485	+ 0.213	39	−162
829	Schn 450	31.3	− 10 39	8.5	K0	6.9	− 0.287	− 0.265	49	+ 68
830	Br St 7451	31.7	+ 51 1	5.6	F5	3.4	+ 0.025	− 0.192	36	+ 1
831	Br St 7454	31.9	− 14 31	5.6	F8	3.7	− 0.110	− 0.142	41	− 16
832	σ Dra	32.6	+ 69 29	4.7	G9	6.0	+ 0.575	− 1.745	181	+ 27
833	θ Cyg	33.8	+ 49 59	4.6	F5	3.7	− 0.028	+ 0.250	66	− 28
834	Br St 7484	36.4	+ 54 44	5.9	F5	3.5	+ 0.037	+ 0.166	33	− 14
835	55 Sgr	36.8	− 16 22	5.1	F0	2.7	+ 0.063	− 0.009	34	− 27
836	Br St 7496	37.8	− 15 42	5.5	F2	3.6	+ 0.149	− 0.181	41	+ 13
837	16 Cyg	39.2	+ 50 18	6.3	G0	4.4	− 0.155	− 0.155	42	− 26
838	+ 31°3767 A	42.4	+ 31 47	9.8	M2	9.4	+ 0.570	− 0.410	84	+ 3
839	17 Cyg	42.6	+ 33 30	5.0	F5	3.3	+ 0.016	− 0.449	45	+ 5
840	α Aql	45.9	+ 8 36	0.9	A5	2.5	+ 0.535	+ 0.383	208	− 26

1026 Fixsternen mit Parallaxen > 0".030

lfd. Nr.	4			5					6
	180°−i	v	e .001	a	Sonne=1 q	q'	U	V km/sec	Bemerkungen
801	4°.4	285°	86	1.03	0.94	1.12	1.05	272	3,Br St 7217
802	0.7	131	241	0.89	0.68	1.11	0.85	252	3,Br St 7226,vD,119 J
803	4.5	224	240	0.88	0.67	1.09	0.83	249	3,Br St 7234, g_o
804	1.4	171	183	0.85	0.69	1.00	0.78	242	3,BrSt 7235,vD u.sD, g_o
805	6.4	195	868	0.66	0.09	1.23	0.53	186	2,Schl 5800
806	2.2	131	113	0.94	0.83	1.04	0.91	259	3,Br St 7254
807	2.8	314	199	1.19	0.95	1.42	1.29	287	1,Kuip 198 ⎱ vD,115"
808	3.0	320	203	1.20	0.96	1.45	1.32	289	1,Kuip 199 ⎰
809	3.4	270	0	1.00	1.00	1.00	1.00	268	3,Schl 5816,sD, g_o
810	6.4	89	245	1.07	0.81	1.33	1.10	276	1,Kuip 200,vD (Kuiper)
811	0.5	164	282	0.79	0.57	1.02.	0.70	230	3,Br St 7266, g_o ?
812	0.4	285	62	1.02	0.96	1.08	1.03	271	3,Schl 5825, g_o,2Spektr.,B.
813	0.7	150	244	0.84	0.64	1.04	0.77	241	3,Schl 5827,vD
814	18.0	89	191	1.04	0.84	1.24	1.06	272	1,kuip 202
815	8.7	149	346	0.80	0.52	1.08	0.71	232	2,Br St 7293,vD
816	1.1	257	193	0.99	0.80	1.18	0.99	267	1,kuip 203
817	2.2	301	55	1.03	0.98	1.09	1.05	273	3,Br St 7312, B.
818	0.8	350	18	1.02	1.00	1.04	1.03	271	3,Br St 7340, B.
819	6.4	113	443	1.03	0.57	1.49	1.05	271	4,20 C 1151
820	0.9	132	187	0.91	0.74	1.08	0.86	.255	3,Br St 7362
821	4.6	120	443	0.97	0.54	1.40	0.95	263	2,Schn 442,Br St 7373
822	2.6	177	190	0.84	0.68	1.00	0.77	241	3,Br St 7371
823	2.4	121	146	0.95	0.81	1.09	0.92	260	3,Br St 7377, g_o
824	6.8	218	415	0.81	0.48	1.15	0.73	236	2,Br St 7386
825	7.8	173	608	0.63	0.25	1.01	0.50	171	2,Schl 5950
826	8.9	160	161	0.87	0.73	1.01	0.81	247	3,Br St 7429
827	1.4	130	238	0.90	0.68	1.11	0.85	252	1,Schl 5969
828	25.1	174	803	0.57	0.11	1.02	0.43	131	2,Schl 5971
829	0.2	274	298	1.12	0.78	1.45	1.18	282	2,Schl 5983,vD
830	3.0	288	65	1.03	0.94	1.12	1.05	272	3,Schl 5989, B.
831	3.0	177	166	0.86	0.71	1.00	0.79	245	3,Schl 5992
832	3.6	342	406	1.66	0.99	2.33	2.13	316	1,Br St 7462
833	0.9	163	198	0.84	0.68	1.01	0.77	241	3,BrSt 7469,Begl 13^{m}in 3"
834	0.7	143	137	0.91	0.78	1.03	0.87	254	3,Schl 6017,2 Spektr., g_o
835	0.2	128	122	0.94	0.83	1.05	0.91	260	3,Br St 7489, g_o?
836	6.0	210	62	0.95	0.89	1.01	0.93	261	3,Schl 6024
837	0.5	200	217	0.84	0.66	1.02	0.76	240	3,Br St 7503,vD
838	8.2	338	50	1.05	1.00	1.10	1.07	274	4,20 C 1165 A,vD
839	5.5	255	150	0.98	0.84	1.13	0.98	266	3,Br St 7534,vD
840	0.2	131	132	0.93	0.81	1.05	0.90	258	1,Kuip 208, <u>Atair</u>

350   Galaktozentrische Bahnelemente von

lfd. Nr.	Name	Ort 1900 α	δ	m	Sp	M	jährl. EB μ_α	μ_δ	π .001	ϱ km/sec
841	o Aql	19^h $46^m.2$	+ 10°10'	$5^m.2$	G0	$3^m.7$	+ 0".236	− 0".141	49	0
842	Br St 7578	48.3	− 24 11	6.3	K0	5.6	− 0.136	− 0.415	73	− 7
843	ω Sgr	49.7	− 26 34	4.8	G5	3.4	+ 0.205	+ 0.079	53	− 21
844	β Aql	50.4	+ 6 9	3.9	K0	3.3	+ 0.039	− 0.483	77	− 40
845	61 Sgr	52.3	− 15 45	5.0	A0	2.5	+ 0.013	− 0.093	32	− 4
846	Br St 7631	53.9	− 33 58	5.7	F5	3.8	+ 0.131	− 0.308	42	− 6
847	Schn 456	54.4	− 10 13	5.9	F8	3.7	− 0.278	− 0.398	37	+ 23
848	Schn 458	55.5	− 67 35	6.0	G5	4.6	+ 0.839	− 0.684	52	− 14
849	δ Pav	58.9	− 66 26	3.7	G7	4.9	+ 1.187	− 1.145	174	− 22
850	Schn 459	59.5	+ 29 38	5.7	K0	4.1	+ 0.676	− 0.530	49	− 46
851	15 Sge	59.6	+ 16 48	5.9	G0	4.8	− 0.402	− 0.415	60	+ 4
852	Schn 460	59.7	+ 23 5	7.2	K0	5.9	− 1.028	− 0.905	56	− 3
853	27 Cyg	20^h 2.6	+ 35 42	5.5	K0	3.2	− 0.232	− 0.438	35	− 34
854	Wolf 1130	2.7	+ 54 10	12.2	M3	11.6	− 1.278	− 0.998	75	0
855	Br St 7703	4.6	− 36 21	5.2	K2	6.5	+ 0.448	− 1.570	177	−131
856	Schn 464	6.5	+ 15 54	7.3	K0	5.1	− 0.419	+ 0.400	36	− 51
857	ξ Cap	6.9	− 12 55	5.9	F5	3.7	+ 0.192	− 0.193	37	+ 22
858	Br St 7722	9.1	− 27 20	5.6	K1	5.8	+ 1.241	− 0.182	110	− 56
859	33 Cyg	11.1	+ 56 16	4.3	A3	2.4	+ 0.061	+ 0.082	41	− 30
860	Br St 7756	12.8	+ 45 16	5.9	F5	3.4	+ 0.003	− 0.054	31	− 40
861	+ 76°.785	13.9	+ 76 55	9.0	K5	9.0	+ 0.069	+ 0.454	98	− 2
862	K^1 Sgr	15.7	− 42 22	5.6	A0	3.7	+ 0.044	− 0.093	42	− 17
863	Br St 7783	16.5	+ 66 32	6.1	F8	5.3	+ 0.466	+ 0.298	70	− 5
864	Br St 7793	18.2	+ 14 13	6.2	F5	4.4	+ 0.071	− 0.003	44	+ 2
865	ϱ Cap	23.2	− 18 9	5.0	F0	2.6	− 0.016	− 0.023	34	+ 20
866	Br St 7845	26.9	− 10 12	5.8	G5	3.4	+ 0.303	+ 0.102	33	+ 8
867	A C 65°.6955	29.2	+ 65 5	10.6	M3	11.0	+ 0.449	+ 0.281	125	+ 24
868	Schn 470	29.4	+ 41 32	7.0	G5	4.6	− 0.162	+ 0.452	34	− 12
869	Wolf 1346	30.1	+ 24 44	11.3	wA	9.8	− 0.400	− 0.550	50	+ 26
870	α Ind	30.5	− 47 38	3.2	K0	0.7	+ 0.049	+ 0.066	32	− 1
871	ψ^2 Pav	31.8	− 60 53	5.3	F8	3.6	+ 0.302	− 0.571	45	− 32
872	β Del	32.9	+ 14 15	3.7	F5	1.4	+ 0.106	− 0.034	34	− 23
873	Schn 473	34.3	− 24 8	6.3	G5	5.5	+ 0.491	+ 0.461	68	− 50
874	Schn 474	34.6	+ 4 37	8.4	K5	7.2	+ 0.838	+ 0.076	57	− 44
875	− 32°.16135 A	35.6	− 32 47	10.9	M5	12.4	+ 0.290	− 0.344	200	+ 5
876	Br St 7914	36.2	+ 19 34	6.4	G5	5.0	+ 0.119	+ 0.303	52	− 38
877	η Ind	36.7	− 52 17	4.7	F0	2.2	+ 0.155	− 0.058	32	− 2
878	− 19°.5899	37.2	− 19 16	10.3	M2	9.4	+ 0.735	− 0.918	67	+ 6
879	+ 56°.2471	39.0	+ 57 4	10.3	M0	7.9	+ 0.165	+ 0.250	33	− 15
880	− 31°.17815	39.0	− 31 42	8.7	M1	9.9	+ 0.290	− 0.344	170	+ 10

1026 Fixsternen mit Parallaxen > 0".030

	4			5				6
lfd. Nr.	180°−i	v	e .001	a	q	q'	U	V km/sec	Bemerkungen
841	5°.6	151°	16	0.99	0.97	1.00	0.98	266	3,Br St 7560
842	0.5	183	197	0.84	0.66	1.00	0.77	240	3,Schl 6084
843	0.8	69	113	1.05	0.93	1.17	1.08	275	3,Br St 7597, g_o
844	1.8	175	329	0.75	0.51	1.00	0.66	220	3,Br St 7602,vD
845	1.1	180	98	0.91	0.82	1.00	0.87	255	3,Br St 7614
846	4.1	171	227	0.82	0.63	1.00	0.74	236	3,Schl 6131
847	0.5	217	308	0.83	0.57	1.09	0.76	239	2,Br St 7637
848	12.6	130	329	0.89	0.60	1.18	0.83	250	2,Br St 7644
849	2.5	120	187	0.94	0.76	1.11	0.90	258	1,Kuip 209,Br St 7665
850	19.9	173	236	0.81	0.62	1.00	0.73	234	2,Br St 7670
851	2.1	230	188	0.91	0.74	1.08	0.87	255	3,Br St 7672
852	8.3	224	442	0.85	0.47	1.22	0.78	242	2,Schl 6169
853	1.6	207	378	0.77	0.48	1.06	0.68	226	2,Br St 7689
854	7.6	267	354	1.12	0.72	1.52	1.19	283	4,Schl 6185,sD
855	13.5	131	473	0.89	0.47	1.31	0.83	250	1,Kuip 210,Begl 12^min $8^"$
856	19.1	120	128	0.95	0.83	1.07	0.92	260	2,Schl 6208
857	8.5	240	52	0.98	0.93	1.03	0.97	265	3,Br St 7715
858	3.8	111	284	0.98	0.70	1.26	0.97	265	1,kuip 213
859	1.6	171	214	0.83	0.65	1.01	0.75	238	3,Br St 7740, g_o
860	2.0	182	271	0.79	0.57	1.00	0.70	229	3,Schl 6253
861	1.3	140	102	0.93	0.84	1.03	0.90	258	4,Schl 6259,Corm 1220
862	1.1	138	90	0.94	0.86	1.02	0.91	260	3,Br St 7779, g_o?
863	3.7	110	128	0.97	0.85	1.10	0.96	264	3,Schl 6272
864	1.3	25	24	1.03	1.00	1.05	1.04	271	3,Schl 6280
865	1.9	302	80	1.05	0.97	1.13	1.08	274	3,Br St 7822,vD, B.
866	6.5	31	194	1.22	0.98	1.45	1.34	291	3,Schl 6315,Begl 12^min $5^"$
867	0.4	28	189	1.21	0.98	1.44	1.33	290	1,Kuip 214
868	12.1	94	137	1.01	0.87	1.15	1.01	269	2,Schl 6331
869	1.1	276	262	1.10	0.81	1.39	1.16	280	4,Schl 6333
870	1.0	348	84	1.09	1.00	1.18	1.14	279	3,Br St 7869
871	0.8	149	354	0.80	0.52	1.08	0.71	231	3,Br St 7875
872	1.6	160	164	0.87	0.73	1.01	0.81	248	3,Br St 7882,vD, g_o
873	1.8	63	297	1.24	0.87	1.61	1.39	292	2,Br St 7898,Corm 1228
874	6.1	124	290	0.91	0.65	1.18	0.87	255	2,Schl 6366
875	2.0	185	44	0.96	0.92	1.00	0.94	262	1,Kuip 215,vD,$3^"$
876	3.9	136	197	0.89	0.72	1.07	0.84	252	3,Schl 6378
877	3.5	126	77	0.96	0.88	1.04	0.94	263	3,Br St 7920
878	15.4	176	319	0.76	0.52	1.00	0.66	221	4,C 20, 1223
879	0.5	134	198	0.90	0.72	1.08	0.85	252	4,—
880	3.1	199	46	0.96	0.92	1.00	0.94	262	1,Kuip 217,gemeins.EB mit kuip 215

352 Galaktozentrische Bahnelemente von

1		2				3			
lfd. Nr.	Name	Ort 1900 α	δ	m	Sp	M	jährl. EB μ_α μ_δ	π .001	9 km/sec

881	+ 19°4499	20^h 39.8	+ 19°24'	10.5	M1	9.6	+ 0.030	− 0.570	66	+ 9
882	γ Cap	40.2	− 25 38	4.3	F8	3.9	− 0.056	− 0.156	86	+ 26
883	Wolf 1084	30.5	+ 54 57	15.3	M7	15.5	+ 0.670	+ 1.745	110	− 23
884	Kuip 219	41.5	+ 44 8	10.6	M3	10.7	+ 0.424	+ 0.265	105	− 15
885	ι Mic	41.7	− 44 21	5.1	F0	3.4	+ 0.180	− 0.106	46	− 18
886	ε Cyg	42.2	+ 33 36	2.6	K0	0.6	+ 0.355	+ 0.325	39	− 10
887	Br St 7955	42.9	+ 57 13	4.6	G0	2.7	− 0.066	− 0.232	42	− 31
888	η Cep	43.3	+ 61 27	3.6	k0	2.8	+ 0.090	+ 0.820	70	− 87
889	15 Del	44.9	+ 12 10	6.0	F5	3.6	+ 0.053	+ 0.098	33	+ 2
890	Br St 7972	44.9	+ 52 3	6.3	G5	5.1	+ 0.064	− 0.159	56	− 41
891	Br St 7994	47.6	− 11 57	6.4	G0	3.8	+ 0.046	+ 0.047	30	− 1
892	31 Vul	47.8	+ 26 43	4.8	G5	3.8	− 0.072	− 0.063	63	0
893	Schn 481	51.1	− 44 29	6.6	G0	4.9	− 0.565	− 0.990	47	− 16
894	+ 61°2068	51.3	+ 61 48	8.7	M0	9.4	0.000	− 0.770	138	− 9
895	Wolf 896	51.4	− 10 48	11.5	M3	9.7	− 0.198	− 1.123	44	+ 51
896	Schn 482	52.4	+ 74 23	7.9	G5	5.9	+ 0.403	+ 0.560	40	− 31
897	11 Aqr	55.3	− 5 7	6.3	G0	4.0	+ 0.045	− 0.128	35	− 18
898	Kuip 221	56.2	+ 39 41	10.3	M2	10.2	+ 0.618	− 0.262	97	− 57
899	η Cap	58.7	− 20 15	4.9	A3	2.6	− 0.037	− 0.036	35	+ 24
900	Br St 8061	58.9	− 73 34	5.8	G0	4.0	+ 0.431	− 0.336	43	− 14
901	Schn 485	21^h 0.4	+ 6 41	8.9	K5	7.5	+ 0.060	− 0.546	53	− 66
902	61 Cyg A	2.4	+ 38 15	5.4	K3	7.7	+ 4.120	+ 3.179	296	− 65
903	χ Cap	2.8	− 21 36	5.3	A0	3.4	+ 0.017	− 0.057	41	− 7
904	Wolf 1106	5.6	+ 59 21	13.4	M1	11.1	− 0.938	− 1.920	35	−260
905	Br St 8099	5.8	+ 71 2	6.0	F2	3.5	− 0.055	− 0.108	32	+ 2
906	Schn 488	7.4	+ 17 20	7.3	F5	5.3	− 0.119	− 0.914	41	− 44
907	+ 73°925	8.8	+ 73 18	8.8	K0	6.4	− 0.346	− 0.388	34	+ 10
908	δ Equ	9.6	+ 9 36	4.6	F5	3.6	+ 0.043	− 0.303	63	− 15
909	α Equ	10.8	+ 4 50	4.1	−	2.3	+ 0.054	− 0.087	44	− 16
910	τ Cyg	10.8	+ 37 37	3.8	F0	2.2	+ 0.159	+ 0.436	48	− 22
911	− 39°14192	11.4	− 39 15	6.6	M0	8.7	− 3.280	− 1.130	257	+ 22
912	θ Ind	12.7	− 53 52	4.6	A5	2.7	+ 0.102	− 0.072	42	− 14
913	Schn 492	14.0	− 26 46	6.5	G5	5.1	− 0.542	− 0.355	54	− 44
914	Schn 493	14.6	− 20 15	9.2	K5	7.5	− 0.181	− 0.738	46	+ 21
915	α Cep	16.2	+ 62 10	2.6	A5	2.0	+ 0.147	+ 0.050	77	− 12
916	Br St 8170	17.1	+ 39 55	6.5	F8	4.4	− 0.023	− 0.207	38	+ 1
917	γ Pav	18.2	− 65 49	4.4	F8	4.7	+ 0.088	+ 0.800	124	− 30
918	Br St 8205	21.4	+ 0 40	6.4	F5	4.1	+ 0.099	− 0.153	34	+ 11
919	Br St 8208	21.6	+ 46 17	5.5	F0	2.9	+ 0.192	+ 0.047	30	0
920	Br St 8220	23.9	+ 31 47	5.7	F0	3.1	+ 0.122	+ 0.076	30	− 24

1026 Fixsternen mit Parallaxen > 0"030

lfd. Nr	180°−i	v	e .001	a	Sonne = 1 q	q'	U	V km/sec	Bemerkungen
881	6°0	238°	123	0.95	0.83	1.07	0.93	261	4,Schl 6393
882	3.2	270	0	1.00	1.00	1.00	1.00	268	3,Br St 7936,ϱ_0, B.
883	5.3	130	321	0.88	0.60	1.16	0.82	247	1,Kuip 218
884	1.6	142	122	0.92	0.81	1.03	0.88	255	1,Furuhj 53
885	0.4	130	102	0.93	0.83	1.05	0.91	259	3,Br St 7943
886	1.5	88	221	1.06	0.82	1.29	1.09	275	3,Br St 7949,ϱ_0
887	3.5	208	202	0.86	0.68	1.03	0.79	245	3,Schl 6414
888	4.7	173	591	0.64	0.26	1.01	0.51	174	2,Br St 7957
889	0.2	29	94	1.09	0.99	1.20	1.14	279	3,Br St 7973
890	4.1	179	308	0.76	0.53	1.00	0.67	223	3,Schl 6430
891	0.4	45	62	1.05	0.98	1.12	1.08	274	3,Schl 6449
892	0.2	270	0	1.00	1.00	1.00	1.00	268	3,Br St 7995,ϱ_0 ?
893	17.6	186	560	0.64	0.28	1.01	0.52	180	2,Schl 6470
894	4.1	274	77	1.01	0.93	1.09	1.02	269	1,Kuip 220
895	15.9	211	510	0.76	0.37	1.15	0.67	223	4,Schl 6476
896	1.6	154	425	0.75	0.43	1.07	0.65	220	2,Schl 6481,Corm 1247
897	0.2	173	181	0.85	0.69	1.00	0.78	243	3,Br St 8041
898	4.4	180	303	0.77	0.54	1.00	0.67	223	1,Furuhj 54,vD
899	2.7	300	89	1.05	0.96	1.15	1.08	275	3,Br St 8060, B.
900	3.1	135	255	0.88	0.65	1.10	0.82	249	3,Schl 6529
901	0.3	178	513	0.66	0.32	1.00	0.54	186	2,Schl 6547
902	1.4	146	462	0.78	0.42	1.14	0.69	228	1,Kuip 223,vD
903	0.4	162	54	0.95	0.90	1.00	0.93	261	3,Br St 8087
904	55.9	222	956	3.36	0.15	6.57	6.16	349	2,Schl 6574,sD
905	0.4	320	96	1.08	0.98	1.19	1.13	278	3,Schl 6576
906	11.0	197	549	0.68	0.31	1.05	0.56	195	2,Schl 6587
907	0.6	316	386	1.50	0.92	2.08	1.84	310	2,Schl 6593
908	1.9	184	181	0.85	0.78	0.92	0.78	243	3,Br St 8123,vD,ϱ_0, B.
909	0.9	171	137	0.88	0.76	1.00	0.82	250	3,BrSt 8131,Sp F8,A3,ϱ_0
910	5.0	123	181	0.93	0.76	1.10	0.90	258	3,BrSt 8130,vD,ϱ_0,Begl 13^m 93"
911	5.8	246	229	0.96	0.74	1.18	0.93	261	1,Kuip 225,Schn 491
912	0.7	119	78	0.97	0.89	1.05	0.95	264	3,Br St 8140,vD
913	14.3	192	219	0.82	0.64	1.00	0.75	238	3,Br St 8148,vD
914	5.2	200	422	0.73	0.42	1.04	0.63	214	2,Schl 6623
915	1.3	168	90	0.92	0.84	1.00	0.88	256	3,Br St 8162
916	3.4	268	78	1.00	0.92	1.08	1.00	268	3,Schl 6639,ϱ_0, B.
917	1.1	12	329	1.48	0.99	1.97	1.81	308	1,Kuip 226
918	5.5	199	64	0.94	0.88	1.00	0.91	260	3,Schl 6664
919	3.2	93	104	1.00	0.90	1.10	1.01	268	3,Schl 6668
920	0.2	150	153	0.87	0.74	1.01	0.82	249	3,Schl 6676

354 Galaktozentrische Bahnelemente von

lfd. Nr.	Name	Ort 1900 α	δ	m	Sp	M	jährl. EB μ_α	μ_δ	π .001	q km/sec
921	Schn 498	21^h 24.5	$-12°56'$	9.4	K5	7.8	+ 1.015	− 0.262	48	− 87
922	Ross 775	24.8	+ 17 12	10.4	M4	11.3	+ 1.027	+ 0.394	150	− 2
923	37 Cap	29.2	− 20 32	5.8	F5	3.3	− 0.039	+ 0.033	32	+ 6
924	ν Oct	30.4	− 77 50	3.7	K0	1.6	+ 0.053	− 0.231	39	+ 35
925	Schn 501	33.0	− 2 45	8.8	G5	6.3	− 0.506	− 0.263	32	+ 7
926	γ Cap	34.6	− 17 7	3.8	F0	1.2	+ 0.185	− 0.021	30	− 31
927	ι Ps A	39.0	− 33 29	4.4	A0	2.1	+ 0.033	− 0.094	35	+ 2
928	Schn 503	39.7	+ 24 53	9.1	K0	6.8	− 0.379	− 0.528	35	− 51
929	μ Cyg	39.7	+ 28 17	4.7	F5	3.2	+ 0.287	− 0.241	50	+ 18
930	δ Cap	41.5	− 16 35	3.0	A5	2.0	+ 0.261	− 0.293	63	− 5
931	Br St 8323	41.8	− 47 46	5.7	G5	5.0	+ 0.160	− 0.302	71	− 7
932	+ 5°4874	44.2	+ 5 15	8.6	K2	6.5	+ 0.538	− 0.050	39	− 11
933	μ Cap	47.8	− 14 1	5.2	F0	3.2	+ 0.307	+ 0.012	40	− 21
934	15 Peg	48.0	+ 28 20	5.6	F5	3.5	− 0.063	− 0.065	37	+ 17
935	20 C 1320	49.9	+ 41 19	10.1	M1	9.8	+ 0.495	− 0.380	86	− 35
936	Br St 8382	53.7	− 4 51	6.4	K0	4.0	− 0.003	− 0.257	33	− 44
937	ε Ind	55.8	− 57 12	4.7	K5	7.0	+ 3.933	− 2.558	288	− 40
938	+ 0°4810	57.1	+ 0 56	9.2	M0	9.6	− 0.510	− 0.206	110	+ 20
939	16 Cep	57.8	+ 72 42	5.2	F5	2.7	− 0.071	− 0.157	32	− 21
940	ξ Cep	22^h 0.9	+ 64 8	4.6	A3	2.3	+ 0.208	+ 0.087	36	− 8
941	α Gru	1.9	− 47 27	2.2	B5	−0.1	+ 0.121	− 0.151	36	+ 12
942	ι Peg	2.4	+ 24 51	4.0	F5	3.4	+ 0.295	+ 0.024	77	− 4
943	Schn 510	3.1	+ 52 39	7.9	K0	5.4	− 0.535	− 0.335	32	− 36
944	τ Ps A	4.3	− 33 2	5.1	F8	3.4	+ 0.427	+ 0.013	46	− 15
945	− 5°5715	4.4	− 5 8	10.5	M3	10.6	+ 1.030	− 0.019	111	− 12
946	θ Peg	5.2	+ 5 42	3.7	A2	1.7	+ 0.272	+ 0.030	40	− 6
947	Ross 271	6.6	+ 17 55	10.4	M2	9.4	+ 0.403	+ 0.314	62	− 41
948	Br St 8474	8.4	+ 69 38	5.5	F2	3.2	− 0.061	+ 0.033	34	+ 1
949	Schn 513	8.5	− 41 51	6.4	G0	4.4	+ 0.558	− 0.790	40	− 19
950	− 16°6046	9.2	− 16 18	6.6	G8	4.3	0.000	− 0.360	32	+ 12
951	Br St 8501	11.7	− 54 7	5.4	G0	4.9	+ 0.422	− 0.668	80	− 14
952	Wolf 1561 A	12.1	− 9 18	13.5	M6	13.5	− 0.476	− 0.275	100	+ 54
953	Schn 515	12.2	+ 12 23	6.9	G0	4.4	+ 0.844	+ 0.102	37	− 30
954	Br St 8514	15.9	+ 7 41	6.2	F5	3.7	+ 0.043	+ 0.026	31	+ 10
955	ν Ind	16.0	− 72 44	5.4	G0	3.0	+ 1.297	− 0.687	33	+ 20
956	γ Aqr	16.5	− 1 53	4.0	A0	1.9	+ 0.126	+ 0.011	38	− 13
957	Br St 8531	18.3	− 58 18	5.4	G5	4.1	+ 0.139	− 0.342	55	+ 8
958	33 Peg	18.8	+ 20 21	6.1	F5	3.7	+ 0.333	− 0.014	33	− 24
959	53 Aqr	21.1	− 17 15	6.4	G0	5.2	+ 0.219	0.000	59	− 6
960	34 Peg	21.5	+ 3 53	5.8	G0	3.7	+ 0.296	+ 0.051	37	− 18

1026 Fixsternen mit Parallaxen > 0."030

lfd. Nr.	4 180° -i	v	e .001	5 Sonne=1 a	q	q'	U	V km/sec	6 Bemerkungen
921	5.0	147°	552	0.77	0.34	1.20	0.68	224	2,Schl 6678
922	2.8	81	123	1.04	0.91	1.16	1.06	273	1,Kuip 227
923	0.2	340	63	1.06	0.99	1.13	1.10	276	3,Br St 8245
924	2.5	185	289	0.78	0.55	1.00	0.69	227	3,Br St 8254,vD,g.
925	8.1	251	296	0.99	0.70	1.28	0.98	267	2,Schl 6721
926	0.9	137	191	0.89	0.72	1.06	0.84	251	3,Br St 8278,g.
927	1.1	180	84	0.92	0.85	1.00	0.89	256	3,BrSt 8305,g.,2 Spektren
928	0.8	207	474	0.75	0.39	1.10	0.65	218	2,Schl 6760
929	10.1	14	79	1.08	1.00	1.17	1.13	277	3,BrSt 8309,vD,500 J
930	3.3	168	166	0.86	0.72	1.00	0.80	245	3,Br St 8322,g.
931	0.5	166	156	0.87	0.74	1.01	0.82	248	3,Schl 6777
932	8.5	128	227	0.91	0.70	1.11	0.87	254	4,Schl 6787,Corм 1284
933	1.4	125	169	0.93	0.77	1.08	0.89	258	3,Br St 8351
934	1.4	337	130	1.14	0.99	1.29	1.22	283	3,Br St 8354, B.
935	6.2	176	268	0.79	0.58	1.00	0.70	229	4,—
936	4.5	180	357	0.74	0.47	1.00	0.63	215	3,Schl 6842
937	1.5	140	371	0.83	0.52	1.14	0.75	239	1,Br St 8387
938	1.0	310	150	1.12	0.95	1.29	1.19	282	1,Kuip 233
939	3.7	243	113	0.96	0.85	1.07	0.94	263	3,Br St 8400
940	1.6	142	147	0.90	0.77	1.03	0.86	253	3,Br St 8417,vD
941	3.5	175	165	0.86	0.72	1.00	0.80	245	3,Br St 8425.
942	1.5	132	71	0.96	0.89	1.02	0.94	262	3,Br St 8430,g.
943	1.4	254	360	1.04	0.66	1.41	1.06	273	2,Schl 6892,Corm 1295
944	2.9	118	154	0.95	0.80	1.10	0.92	262	3,Br St 8447
945	3.6	129	177	0.92	0.76	1.08	0.88	256	1,Kuip 234
946	2.6	122	126	0.95	0.83	1.07	0.92	261	3,Br St 8450,g.,2 Spektren
947	4.8	144	249	0.85	0.64	1.06	0.78	244	4,—
948	1.7	289	18	1.01	0.99	1.03	1.01	269	3,Schl 6926,Begl 8^m in 15"
949	2.8	170	645	0.62	0.22	1.02	0.49	169	2,Br St 8477
950	5.8	197	295	0.78	0.55	1.02	0.70	229	4,Schl 6935
951	2.5	164	282	0.79	0.57	1.01	0.70	229	3,Schl 6952,vD
952	7.8	319	277	1.31	0.95	1.67	1.50	296	1,Kuip 235,vD ?, 8"
953	8.0	130	408	0.89	0.53	1.25	0.83	250	2,Schl 6956
954	1.4	17	70	1.07	0.99	1.15	1.11	277	3,Schl 6966
955	23.1	157	776	0.71	0.16	1.26	0.60	207	2,Br St 8515,vD
956	0.4	141	100	0.93	0.84	1.02	0.90	257	3,Br St 8518,g.
957	0.2	177	226	0.82	0.63	1.00	0.74	235	3,Schl 6985
958	3.4	150	259	0.83	0.62	1.04	0.76	239	3,Br St 8532,vD
959	0.9	127	75	0.96	0.89	1.03	0.94	263	3,Br St 8544,vD
960	0.7	136	182	0.90	0.74	1.07	0.86	254	3,Br St 8548,vD

lfd. Nr.	Name	Ort 1900 α	δ	m	Sp	M	jährl. EB μ_α	μ_δ	π .001	ϑ km/sec
961	+ 56°2783 A	22^h 24.^{m}4	+ 57°12'	9.^{m}9	M4	11.^{m}9	− 0.^{s}815	− 0."380	256	− 24
962	α Lac	27.2	+ 49 46	3.8	A0	1.6	+ 0.134	+ 0.017	36	− 7
963	Ross 668	28.7	+ 53 16	10.0	M1	7.8	+ 1.570	− 0.165	36	− 2
964	ν Aqr	29.2	− 21 13	5.3	F5	3.3	+ 0.219	− 0.143	39	− 2
965	− 1°4323	31.0	− 1 21	10.0	M1	9.2	+ 0.075	− 0.600	68	+ 29
966	L 789-6	33.0	− 15 52	12.3	M6	14.9	+ 2.350	+ 1.945	328	− 60
967	+ 64°1694	35.7	+ 64 20	var.	A	−	+ 0.084	+ 0.179	38	− 3
968	Br St 8631	35.9	+ 14 1	5.8	G5	3.6	+ 0.263	+ 0.145	36	− 11
969	+ 65°1796	37.5	+ 65 59	7.5	G3	4.9	+ 0.210	+ 0.387	30	− 46
970	+ 29°4753	40.9	+ 29 56	6.5	K0	4.1	− 0.278	− 0.356	33	− 1
971	Ross 223	41.3	+ 44 51	10.5	K6	8.1	+ 0.570	− 0.040	33	− 23
972	ζ Peg	41.7	+ 11 40	4.3	F5	2.8	+ 0.229	− 0.495	50	− 6
973	68 Aqr	42.2	− 20 8	5.4	G5	2.8	− 0.107	− 0.200	30	+ 23
974	+ 43°4305	42.5	+ 43 49	10.2	M5	11.8	− 0.715	− 0.463	207	+ 2
975	ε Gru	42.5	− 51 51	3.7	A2	1.8	+ 0.103	− 0.060	41	0
976	μ Peg	45.2	+ 24 4	3.7	K0	1.2	+ 0.145	− 0.041	31	+ 14
977	ι Cep	46.1	+ 65 40	3.7	K0	1.4	− 0.067	− 0.122	35	− 12
978	+ 13°5006	46.4	+ 13 26	8.0	K0	7.2	+ 0.425	+ 0.212	69	− 2
979	σ Peg	47.3	+ 9 18	5.3	F5	3.4	+ 0.518	+ 0.047	41	+ 12
980	Schl 7137	47.3	+ 31 12	9.4	K5	7.4	− 0.314	− 0.388	40	+ 3
981	− 15°6290	47.9	− 14 47	10.3	M5	12.0	+ 0.931	− 0.606	220	+ 13
982	δ Aqr	49.4	− 16 21	3.5	A2	1.6	− 0.042	− 0.021	42	+ 18
983	Br St 8721	50.8	− 32 6	6.3	K3	6.7	+ 0.321	− 0.161	121	+ 12
984	+ 15°4733	51.8	+ 16 2	8.6	M2	9.6	− 1.062	− 0.285	161	− 19
985	α Ps A	52.1	− 30 9	1.4	A3	2.0	+ 0.328	− 0.164	135	+ 6
986	51 Peg	52.6	+ 20 14	5.6	G0	4.8	+ 0.200	+ 0.059	69	− 31
987	Br St 8737	53.5	+ 8 50	6.5	G0	4.1	+ 0.397	− 0.138	34	− 27
988	− 23°17699	55.0	− 23 4	8.1	K9	8.6	− 0.915	+ 0.064	125	+ 16
989	− 4° 5804	56.6	− 4 23	7.6	K0	6.2	+ 0.420	− 0.233	54	− 39
990	π Ps A	58.0	− 35 17	5.1	F0	3.5	+ 0.076	+ 0.082	47	− 14
991	− 36°15693	59.4	− 36 26	7.2	M0	9.4	+ 6.781	+ 1.315	278	+ 10
992	α Peg	59.8	+ 14 40	2.6	A0	0.2	+ 0.058	− 0.041	33	− 4
993	+ 65°1846	23^h 0.5	+ 66 14	9.9	M1	7.5	+ 0.312	− 0.108	34	+ 21
994	7 And	8.0	+ 48 52	4.6	F0	3.0	+ 0.089	+ 0.098	47	+ 11
995	Br St 8832	8.5	+ 56 37	5.6	K3	6.4	+ 2.072	+ 0.299	146	− 20
996	ψ' Aqr	10.7	− 9 38	4.5	K0	2.6	+ 0.369	− 0.011	42	− 26
997	γ Tuc	11.6	− 58 47	4.1	F2	2.0	− 0.031	+ 0.084	38	+ 18
998	Schn 535	12.0	− 14 22	8.3	F8	5.7	− 0.489	− 1.205	30	+ 6
999	Br St 8853	12.2	+ 52 40	5.6	F8	3.8	+ 0.111	− 0.237	43	− 25
1000	94 Aqr	13.9	− 14 0	5.3	G5	3.0	+ 0.293	− 0.098	36	+ 10

1026 Fixsternen mit Parallaxen > 0"030

	4			5			6	
lfd. Nr.	180°−i	v	e .001	Sonne−1			V km/sec	Bemerkungen
				a	q	q'	U	
961	0°5	214°	145	0.90	0.77	1.03	0.85	252	1,Kuip 237,Krüger 60,vD,44 J
962	1.3	147	93	0.93	0.84	1.02	0.90	258	3,Br St 8585
963	41.0	154	615	0.72	0.28	1.16	0.61	210	2,Schn 520,Schl 7039
964	3.0	161	174	0.86	0.71	1.01	0.80	246	3,Br St 8592
965	9.4	226	112	0.93	0.83	1.04	0.90	258	4,20 C 1373
966	11.4	172	408	0.72	0.42	1.01	0.61	207	1,Kuip 240
967	3.3	141	96	0.94	0.85	1.02	0.90	258	4,Schl 7083, v a r ,9^{m}0−9^{m}3
968	0.7	110	157	0.97	0.82	1.12	0.96	264	3,Schl 7084,vD,22 J
969	9.6	168	435	0.71	0.40	1.02	0.60	206	4,Schl 7095
970	4.7	266	222	1.04	0.81	1.27	1.06	273	2,Schl 7113
971	9.2	147	352	0.80	0.52	1.08	0.72	232	4,Schl 7115
972	8.4	185	248	0.80	0.60	1.00	0.72	233	3,Br St 8665,vD
973	4.1	230	167	0.92	0.76	1.07	0.88	255	3,Br St 8670
974	0.6	308	116	1.09	0.96	1.21	1.13	279	1,Kuip 241
975	0.7	155	76	0.94	0.87	1.01	0.91	259	3,Br St 8675
976	4.4	64	68	1.04	0.97	1.11	1.05	273	3,Br St 8684
977	2.6	251	73	0.98	0.91	1.05	0.97	266	3,Br St 8694, B.
978	0.6	96	123	1.00	0.88	1.13	1.00	268	4,Schl 7135,Corm 1320
979	6.4	104	197	0.99	0.80	1.18	0.98	267	3,Br St 8697
980	4.7	272	206	1.05	0.83	1.27	1.08	275	4,+ 30°4824
981	5.1	162	85	0.93	0.85	1.01	0.89	257	1,Kuip 242
982	3.1	328	69	1.06	0.99	1.14	1.10	276	3,Br St 8709, B.
983	3.1	165	61	0.94	0.88	1.00	0.91	260	1,Kuip 243,gemeins.EB mit +)
984	4.2	253	138	0.98	0.84	1.11	0.97	264	1,Kuip 244,Schl 7172,sD
985	2.4	162	64	0.94	0.88	1.00	0.92	260	1,Kuip 245,BrSt 8728,**Fomalhaut**
986	3.6	165	194	0.85	0.68	1.01	0.78	242	3,Br St 8729
987	3.7	162	359	0.76	0.49	1.03	0.66	221	3,Schl 7182,vD,27 J
988	0.2	318	194	1.19	0.96	1.42	1.30	288	1,Kuip 246
989	2.8	165	350	0.76	0.49	1.02	0.66	222	4,Schl 7197
990	1.9	60	65	1.04	0.97	1.10	1.06	272	3,Br St 8767, 9.
991	12.8	106	376	1.04	0.65	1.43	1.06	273	1,Kuip 247
992	0.9	170	74	0.93	0.86	1.00	0.90	259	3,Br St 8781,9.,**Markab**
993	5.8	67	180	1.11	0.91	1.31	1.16	280	4,Schl 7221
994	0.8	45	80	1.06	0.98	1.15	1.10	276	3,Br St 8830,9.
995	3.6	151	340	0.79	0.52	1.06	0.71	231	1,Kuip 248
996	2.2	157	275	0.81	0.59	1.03	0.73	234	3,BrSt 8841,Begl in 49" enger vD
997	4.0	320	58	1.05	0.99	1.10	1.07	273	3,Br St 8848, B.
998	9.4	203	787	0.73	0.15	1.30	0.62	211	2,Schl 535,vD
999	5.9	188	186	0.84	0.69	1.00	0.78	242	3,Schl 7276
1000	5.8	150	168	0.88	0.73	1.03	0.83	249	3,BrSt 8866,vD,hellere Komp,9.

+) Kuip 245

Galaktozentrische Bahnelemente von

lfd. Nr.	Name	Ort 1900 α	δ	m	Sp	M	jährl. EB μ_α	μ_δ	π .001	ϑ km/sec
1001	Schn 537	23^h $15^m.0$	+ 28° 19'	$8^m.8$	K	$6^m.6$	+ 0".658	− 0".050	37	− 51
1002	12 And	16.1	+ 37 38	5.8	F5	3.2	+ 0.116	− 0.066	31	− 9
1003	− 11°.6064	17.8	− 11 19	8.0	K2	6.4	+ 0.443	+ 0.246	48	+ 36
1004	Br St 8931	26.4	− 4 38	6.5	F8	4.4	+ 0.169	− 0.185	38	− 11
1005	+ 19°.5116 A	26.7	+ 19 23	10.3	M4	11.5	+ 0.520	+ 0.009	180	− 1
1006	− 17°.6769	27.6	− 17 23	8.5	k8	7.7	+ 0.272	− 0.220	68	+ 3
1007	Schn 543	30.4	+ 30 27	6.7	G0	4.4	+ 0.534	+ 0.251	35	−103
1008	Schn 544	31.0	+ 17 53	8.0	G5	6.1	+ 0.672	+ 0.195	42	− 25
1009	16 Psc	31.3	+ 1 33	5.6	F5	3.0	− 0.109	+ 0.062	30	+ 39
1010	λ And	32.7	+ 45 55	4.0	K0	2.0	+ 0.158	− 0.421	39	+ 7
1011	ι Psc	34.8	+ 5 5	4.3	F8	3.5	0.370	− 0.435	68	+ 5
1012	γ Cep	35.2	+ 77 4	3.4	K0	2.5	− 0.065	+ 0.154	65	− 42
1013	Ross 248	37.0	+ 43 39	12.2	M6	14.7	+ 0.127	− 1.815	314	− 81
1014	δ Scl	43.7	− 28 41	4.6	A0	2.4	+ 0.102	− 0.103	36	+ 14
1015	+ 1°.4774	44.0	+ 1 52	9.1	M2	10.2	+ 0.983	− 0.952	167	− 64
1016	Schn 551	44.9	+ 2 19	8.4	G5	5.9	+ 0.469	+ 0.174	32	− 27
1017	Br St 9038	47.5	+ 74 59	6.6	K2	6.4	+ 0.313	+ 0.052	91	+ 2
1018	η Tuc	52.3	− 64 51	5.2	A2	2.7	+ 0.087	− 0.068	32	+ 32
1019	+ 45°.4378	53.5	+ 46 10	9.2	M0	7.8	+ 0.640	+ 0.000	52	+ 4
1020	− 20°.6684	54.3	− 20 35	7.4	k0	5.5	+ 0.522	− 0.316	42	+ 21
1021	Br St 9074	54.4	+ 33 10	6.6	F8	4.1	− 0.064	− 0.080	32	− 6
1022	− 26°.16876	56.7	− 26 21	8.8	A8	8.8	− 0.149	− 0.380	103	+ 36
1023	85 Peg A	56.9	+ 26 33	5.9	G5	5.8	+ 0.837	− 0.988	95	− 36
1024	− 37°.15492	59.5	− 37 51	8.6	M3	10.3	+ 5.680	− 2.290	222	+ 24
1025	Schn 555	59.6	+ 34 7	6.2	G0	3.6	+ 0.762	+ 0.094	30	+ 4
1026	+ 44°.4548	59.9	+ 45 14	9.9	M2	9.6	+ 0.875	− 0.170	89	+ 3

1026 Fixsternen mit Parallaxen > 0."030

lfd. Nr.	4			5				6
	$180°-i$	v	e .001	a	Sonne=1 q	q'	U	V km/sec	Bemerkungen
1001	1.°8	162°	508	0.70	0.34	1.05	0.58	201	2,Schl 7297,Corm 1334
1002	2.3	167	127	0.89	0.78	1.00	0.84	251	3,Br St 8885
1003	7.8	50	233	1.22	0.93	1.50	1.34	291	4,Schl 7314
1004	1.2	174	222	0.82	0.64	1.00	0.74	237	3,Schl 7353
1005	0.7	140	62	0.96	0.90	1.01	0.94	262	1,—
1006	2.3	170	151	0.87	0.74	1.00	0.81	247	4,Schl 7358
1007	20.3	168	583	0.65	0.27	1.03	0.52	183	2,Schl 7372,Corm 1339
1008	3.2	139	334	0.83	0.55	1.11	0.76	241	2,Schl 7374,Corm 1340
1009	4.5	352	302	1.43	1.00	1.86	1.71	306	3,Schl 7375
1010	12.0	158	21	0.99	0.97	1.01	0.98	265	3,Br St 8961,♀₀
1011	6.4	172	190	0.84	0.68	1.00	0.77	242	3,Br St 8969
1012	0.2	197	261	0.81	0.60	1.02	0.72	233	3,Br St 8974
1013	0.3	168	493	0.69	0.35	1.03	0.57	196	1,Kuip 250
1014	3.9	176	119	0.89	0.79	1.00	0.84	252	3,BrSt 9016,vD,Begl 9ᵐin 74"
1015	10.0	178	399	0.72	0.43	1.00	0.61	207	1,Kuip 251
1016	1.2	129	304	0.89	0.68	1.10	0.84	250	2,Schl 7448
1017	0.2	131	72	0.96	0.89	1.03	0.94	262	3,Schl 7461,vD,♀₀
1018	5.0	187	193	0.84	0.68	1.00	0.77	241	3,Br St 9062
1019	2.6	135	240	0.88	0.67	1.10	0.83	250	4,Schl 7490,Corm 1347
1020	9.5	166	357	0.75	0.48	1.02	0.65	219	2,Schl 7498,Corm 1348
1021	1.1	247	60	0.98	0.92	1.04	0.97	265	3,Schl 7499,vD
1022	7.9	244	78	0.97	0.90	1.05	0.96	264	1,Schl 7513,vD
1023	7.1	179	430	0.69	0.40	0.99	0.58	201	3,Kuip 252,vD,26 J
1024	11.6	164	635	0.65	0.24	1.07	0.53	183	1,Kuip 254
1025	2.1	136	472	0.85	0.45	1.25	0.79	243	2,Br St 9107
1026	3.9	137	199	0.89	0.71	1.07	0.84	250	4,Schl 7532

MIX
Papier aus verantwortungsvollen Quellen
Paper from responsible sources
FSC® C105338

If you have any concerns about our products,
you can contact us on
ProductSafety@springernature.com

In case Publisher is established outside the EU,
the EU authorized representative is:
**Springer Nature Customer Service Center GmbH
Europaplatz 3, 69115 Heidelberg, Germany**

Printed by Libri Plureos GmbH
in Hamburg, Germany